제2판

Craftsman Cook
Korean Food Practice

세계인의 입맛을 사로잡은 자랑스러운 우리 음식

한식조리
기능사
실기

이미정 · 김우실 공저

 (주)백산출판사

머리말

이 책은 한식조리기능사 시험내용을 능력단위별로 분류하여 실기시험 대비 31가지 과제에 대해 음식별로 자세한 과정사진과 설명을 삽입함과 동시에 각 실기과제는 시험시간과 수험자 유의사항 등을 삽입하여 한식조리기능사 실기시험에 대비할 수 있도록 하였습니다.

또한 실기부분 외에 이론부분에서는 한식 밥조리, 한식 죽조리 등 10개의 능력단위에 따른 내용 요약을 통해 한식조리기능사 시험준비뿐만 아니라 조리에 관한 기초지식과 전문지식을 풍부하게 할 수 있도록 하였습니다.

모쪼록 이 책이 조리를 전공하거나 조리에 관심 있는 학생 및 조리 관련 업무에 종사하는 분들에게 한식조리기능사 시험을 준비함에 있어 조금이나마 도움이 되었으면 하는 마음입니다.

끝으로, 이 책의 출판을 위해 도움을 주신 백산출판사 진욱상 사장님과 직원 여러분께 고마움을 전합니다.

저자 일동

차례

시험안내   7

이론편

1장 한식의 개요
1. 한식의 특징   12
2. 한식의 종류   12
3. 한식의 상차림   19
4. 한국의 시절식   21
5. 지역별 한국음식   22
6. 한식의 양념 및 고명   25
7. 한국음식의 육수   32
8. 한식조리 기본 준비   33
9. 한국음식 담기   33

2장 한식 밥조리
1. 밥 재료 준비하기   37
2. 밥 조리하기   38
3. 밥 담기   42

3장 한식 죽조리
1. 죽   43
2. 죽의 조리형태적 특징   43
3. 죽의 영양 및 효능   43
4. 죽의 분류   43
5. 죽 재료 준비하기   44
6. 죽 조리하기   46
7. 죽상차림   47

4장 한식 국·탕조리
1. 국 · 탕 재료 준비하기   48
2. 국 · 탕 조리하기   51

5장 한식 찌개조리
1. 찌개의 특징   54
2. 찌개 재료 준비하기   55
3. 찌개 조리하기   56
4. 찌개 담기   56

6장 한식 전·적조리
1. 전   57
2. 적   57
3. 전류 조리의 특징   57
4. 전 · 적 재료 준비하기   58
5. 전 · 적 조리하기   59
6. 전 · 적 담기   60

7장 한식 생채·회조리
1. 생채 · 회 · 숙회의 정의   61
2. 생채 · 회 재료 준비하기   61
3. 생채 · 회 조리하기   63

8장 한식 조림·초조리
1. 조림의 특징   65
2. 초의 특징   65
3. 조림 · 초 재료 준비하기   66
4. 조림 · 초 조리하기   67

실기편

9장 한식 구이조리
1. 구이조리   70
2. 구이조리의 방법   70
3. 구이 재료 준비하기   70
4. 구이 조리하기   72

10장 한식 숙채조리
1. 숙채   75
2. 숙채의 조리방법   75
3. 숙채 재료 준비하기   76

11장 한식 볶음조리
1. 볶음조리의 특징   79
2. 볶음 조리방법   79
3. 볶음 재료 준비하기   79

12장 한식 김치조리
1. 김치의 시대별 변천사   81
2. 김치의 효능   82
3. 좋은 배추 고르기   83
4. 김치 재료 준비하기   83
5. 김치 양념 배합하기   83
6. 김치 담그기   85

1. 장국죽   88
2. 콩나물밥   92
3. 비빔밥   96
4. 완자탕   100
5. 두부젓국찌개   104
6. 생선찌개   108
7. 무생채   112
8. 도라지생채   116
9. 더덕생채   120
10. 겨자채   124
11. 육회   128
12. 미나리강회   132
13. 표고전   136
14. 풋고추전   140
15. 육원전   144
16. 생선전   148
17. 섭산적   152
18. 화양적   156
19. 지짐누름적   160
20. 두부조림   164
21. 홍합초   168
22. 너비아니구이   172
23. 제육구이   176
24. 더덕구이   180
25. 북어구이   184
26. 생선양념구이   188
27. 잡채   192
28. 탕평채   196
29. 칠절판   200
30. 오징어볶음   204
31. 재료썰기   208
32. 배추김치   212
33. 오이소박이   216

참고문헌   220

시험안내

1. 필기

자격명	• 한식조리기능사
시행기관	• 한국산업인력공단
응시자격	• 제한없음
응시방법	• 한국산업인력공단 홈페이지 • 회원가입→원서접수신청→자격선택→종목선택→응시유형→추가입력→장소선택→결제하기
시험일정	• 상시시험(정해진 회별 접수기간 동안 연간 시행계획을 기준으로 접수)
검정방법	• 객관식 4지 택일형. 60문항
시험시간	• 60분
합격기준	• 100점 만점에 60점 이상(60문항 중 36문항 이상)

2. 필기 출제내용

1) 음식 위생관리

개인 위생 관리	• 위생관리기준 • 식품위생에 관련된 질병
식품 위생관리	• 미생물의 종류와 특성 • 식품과 기생충병 • 살균 및 소독의 종류와 방법 • 식품의 위생적 취급기준 • 식품첨가물과 유해물질
작업장 위생관리	• 작업장 위생 위해요소 • 식품안전관리기준인증기준(HACCP) • 작업장 교차오염 발생요소
식중독 관리	• 세균성 및 바이러스성 식중독 • 자연독 식중독 • 화학적 식중독 • 곰팡이 독소
식품위생 관계법규	• 식품위생법령 및 관계법규 • 농수산물 원산지 표시에 관한 법령 • 식품 등의 표시·광고에 관한 법령
공중보건	• 공중보건의 개념 • 환경위생 및 환경오염 관리 • 역학 및 질병 관리 • 산업보건관리

2) 음식 안전관리

개인 안전관리	• 개인 안전사고 예방 및 사후조치 • 작업 안전관리
장비·도구 안전작업	• 조리장비·도구 안전관리 지침
작업환경 안전관리	• 작업장 환경관리 • 작업장 안전관리 • 화재예방 및 조치방법 • 산업안전보건법 및 관련지침

3) 음식 재료관리

식품재료의 성분	• 수분, 탄수화물, 지질, 단백질, 무기질, 비타민 • 식품의 색 • 식품의 갈변 • 식품의 맛과 냄새 • 식품의 물성 • 식품의 유독성분
효소	• 식품과 효소
식품과 영양	• 영양소의 기능 및 영양소 섭취기준

4) 음식 구매관리

시장조사 및 구매관리	• 시장조사 • 식품구매관리 • 식품재고관리
검수관리	• 식재료의 품질 확인 및 선별 • 조리기구 및 설비특성과 품질확인 • 검수를 위한 설비 및 장비활용 방법
원가	• 원가의 의의 및 종류 • 원가분석 및 계산

5) 한식 기초조리 실무

조리준비	• 조리의 정의 및 기본 조리조작 • 기본조리법 및 대량 조리기술 • 기본 칼 기술습득 • 조리기구의 종류와 용도 • 식재료 계량방법 • 조리장의 시설 및 설비관리
식품의 조리원리	• 농산물의 조리 및 가공, 저장 • 축산물의 조리 및 가공, 저장 • 수산물의 조리 및 가공, 저장 • 유지 및 유지 가공품 • 냉동식품의 조리 • 조미료와 향신료
식생활 문화	• 한국 음식의 문화와 배경 • 한국 음식의 분류 • 한국 음식의 특징 및 용어

6) 한식조리

밥 조리	• 밥 재료준비 • 밥 조리 • 밥 담기
죽 조리	• 죽 재료준비 • 죽 조리 • 죽 담기
국·탕 조리	• 국·탕 재료준비 • 국·탕 조리 • 국·탕 담기
찌개 조리	• 찌개 재료준비 • 찌개 조리 • 찌개 담기
전·적 조리	• 전·적 재료준비 • 전·적 조리 • 전·적 담기
생채·회 조리	• 생채·회 재료준비 • 생채·회 조리 • 생채·회 담기
조림·초 조리	• 조림·초 재료준비 • 조림·초 조리 • 조림·초 담기
구이 조리	• 구이 재료준비 • 구이 조리 • 구이 담기
숙채 조리	• 숙채 재료준비 • 숙채 조리 • 숙채 담기
볶음 조리	• 볶음 재료준비 • 볶음 조리 • 볶음 담기
김치 조리	• 김치 재료준비 • 김치 조리 • 김치 담기

3. 실기

자격명	• 한식조리기능사
시행기관	• 한국산업인력공단
응시자격	• 제한없음
응시방법	• 한국산업인력공단 홈페이지 회원가입→원서접수신청→자격선택→종목선택→응시유형→추가입력→장소선택→결제하기
시험일정	• 상시시험(정해진 회별 접수기간동안 연간 시행계획을 기준으로 접수)
요구작업	• 지급된 재료를 갖고 요구하는 작품을 시험 시간 내에 1인분을 만들어 내는 작업
주요 평가내용	• 위생상태(개인 및 조리과정) • 조리의 기술(기구취급, 동작, 순서, 재료다듬기 방법) • 작품의 평가 • 정리정돈 및 청소
검정방법	• 작업형
시험시간	• 약 70분(시험내용에 따라 다름)

4. 실기 출제 내용

시험시간	시험내용(총 33가지)
15분	• 무생채 • 도라지생채
20분	• 더덕생채 • 북어구이 • 육회 • 홍합초 • 두부젓국찌개 • 표고전 • 육원전 • 오이소박이
25분	• 재료썰기 • 풋고추전 • 생선전 • 두부조림 • 너비아니구이
30분	• 제육구이 • 더덕구이 • 생선양념구이 • 장국죽 • 콩나물밥 • 섭산적 • 오징어볶음 • 생선찌개 • 완자탕
35분	• 겨자채 • 미나리강회 • 탕평채 • 화양적 • 지짐누름적 • 잡채 • 배추김치
40분	• 칠절판
50분	• 비빔밥

한식조리기능사 실기

이론편

❀❀❀

korean - style food

1장 한식의 개요

1. 한식의 특징

① 주식과 부식을 뚜렷이 구분

② 농경민족으로 다양한 곡물음식 발달

③ 음식의 종류와 조리법 다양

④ 지역에 따라 다양하고 향신료 많이 사용

⑤ 음식에 있어서 약식동원의 사상을 중요하게 여김

* 약식동원 : 약과 음식은 그 근원이 같다는 말로 좋은 음식은 약과 같은 효능을 낸다는 말

⑥ 일상식과 의례식의 구분이 있고, 시식과 절식이 발달함

2. 한식의 종류

1) 주식류

(1) 밥

① 밥은 쌀을 비롯한 곡류에 물을 붓고 가열하여 호화시킨 음식으로 주식 중 가장 기본이 되는 음식임

② 주식은 주로 쌀로 지은 흰밥이고 보리, 조, 수수, 콩, 팥 등을 섞어 지은 잡곡밥이 있음

③ 별식으로 채소류, 어패류, 육류 등을 넣어 짓기도 하며, 비빔밥은 밥 위에 나물과 고기를 얹어서 비벼 먹는 밥임

④ 밥맛은 쌀의 저장 정도, 쌀과 물의 분량, 용기의 크기 및 종류, 밥 짓는 시간 등에 의해 영향을 받음

(2) 죽, 미음, 응이 : 곡물로 만든 유동식

죽	• 곡물에 5~7배의 물을 넣고 오랫동안 끓여 완전히 호화시킨 것 • 죽에다 곡물 이외에 채소류, 육류, 어패류 등을 넣고 끓이기도 함 : 잣죽, 깨죽, 녹두죽, 콩죽 등 • 죽의 종류 : 옹근죽(쌀알 그대로 끓이는 죽), 원미죽(쌀알을 반 정도 갈아서 만드는 죽), 무리죽(쌀알을 완전히 곱게 갈아서 만드는 죽)
미음	• 곡식을 푹 고아서 체에 거른 것
응이(의이)	• 곡물의 전분을 물에 풀어 끓인 것

(3) 국수

① 잔치나 손님 접대 시 주식으로 차리고 평상시에는 간단한 점심식사용으로 많이 먹음
② 곡물이나 전분재료에 따라 밀국수, 메밀국수, 녹말국수, 칡국수 등으로 나뉨
③ 온도에 따라 온면(칼국수, 국수장국)과 냉면(콩국)이 있음

(4) 떡국, 만두

① 만두 껍질의 재료와 넣는 소, 모양에 따라 다양
② 떡국은 정월 초하루에 먹는 절식임
　충청도에서는 생떡국, 개성지방에서는 조랭이 떡국
③ 간단한 주식의 역할
④ 떡국은 남쪽지방, 만두는 북쪽 지방사람들이 더 즐겨 먹음

2) 찬품류

(1) 국, 탕

① 밥이 주식인 우리나라에서는 기본적인 찬물로 거의 모든 재료 사용 가능

② 맑은장국 : 소금이나 청장으로 간을 함

   토장국 : 된장, 고추장을 사용

③ 냉국 : 식초와 설탕으로 만들고 여름에 즐김

(2) 찌개, 지짐이, 조치

찌개	• 국보다 건더기가 많고 국물을 적게 조리한 음식 • 간이 센 편 • 맛을 내는 재료에 따라 된장찌개, 고추장찌개, 맑은찌개로 나눔 • 증기에 찌는 찜은 주로 생선, 새우, 조개 등으로 만듦
지짐이	• 국물이 찌개보다 적고 조림보다는 많은 음식
조치	• 찌개의 궁중용어

(3) 전골, 볶음

육류와 채소를 밑간하여 화로 위에 전골틀을 올려놓고 즉석에서 볶고 끓여먹는 음식으로 미리 볶아서 상에 올리면 볶음임

(4) 찜, 선

찜	• 육류, 어패류, 채소류를 국물과 함께 끓여서 익히는 것과 증기로 쪄서 익히는 방법이 있음 • 증기에 찌는 찜은 주로 생선, 새우 조개 등으로 만듦 • 끓이는 찜은 약한 불에서 오래 익혀서 연하게 만듦
선(膳)	• 선(膳)은 좋은 재료를 뜻하는 것으로, 채소나 두부 등의 식물성 주재료에 소고기, 생선 등을 부재료로 하여 찜으로 끓이거나 찜

(5) 조림, 초

조림	• 약불에서 은근하게 오래 익히는 조리법 • 재료에 간을 약간 세게 하여 주로 반상에 올림 • 맛이 담백한 흰살 생선은 간장으로, 붉은살 생선이나 비린내가 많이 나는 생선류는 고춧가루나 고추장을 넣어 조림
초(炒)	• 원래 볶는다는 뜻 • 조리다가 나중에 녹말을 풀어 넣어 국물이 엉기게 함 • 대체로 간은 세지 않고 달게 함 • 홍합과 전복을 많이 사용

(6) 생채, 숙채

나물은 가장 대중적인 찬품으로 원래는 생채(生菜)와 숙채(熟菜)의 총칭이나 지금은 대개 익은 나물인 숙채를 가리킴

생채(生菜)	• 계절채소를 생으로 먹는 반찬류 • 날것을 소금에 약간 절이거나 그대로 썰어서 초장, 초고추장, 겨자, 초간장 등에 무쳐 달고 새 콤하게 먹음 • 겨자채, 냉채 등
숙채(熟菜)	• **푸른잎채소** : 끓는 물에 파랗게 데쳐 갖은 양념으로 무침 • 고사리, 고비 등 : 삶아서 양념하여 볶음 • 말린 나물 : 불렸다가 삶아서 볶음 • 여러 재료를 볶아서 섞는 구절판, 잡채, 탕평채, 죽순채 등도 조리법상 숙채에 해당됨

(7) 구이, 적, 누름적

구이		• 재료 그대로 또는 양념을 한 다음에 불에 구워서 만든 것 • 불고기(너비아니구이), 소금구이(방자구이)
적		• 육류, 채소, 버섯 등을 양념하여 꼬치에 꿰어 구운 것
	산적	• 익히지 않은 재료를 꼬치에 꿰어서 지지거나 구운 것
	누름적	• 재료를 양념하여 익힌 다음 꼬치에 꿴 것 • 재료를 꿰어 전을 부치듯 옷을 입혀 지진 것

(8) 전유어, 지짐

전유어	• 기름을 두르고 지지는 조리법 • 전유아, 전냐, 전야, 전(궁중:전유화) 등으로 불림 • 소금과 후춧가루로 간을 한 후 밀가루와 달걀 푼 것을 입혀서 지진 것
지짐	• 재료들을 밀가루 푼 것에 섞은 후 기름에 지지는 조리법 • 파전, 빈대떡 등

(9) 회, 숙회

① 회(膾) : 육류, 어패류, 채소류를 날로 또는 익혀서 초간장, 초고추장, 겨자즙, 소금기름 등에 찍어 먹는 음식
② 생회 : 날것으로 만든 것
③ 숙회 : 익혀서 만든 것
④ 초회 : 식초, 간장, 소금 등으로 살짝 간을 하여 만든 회
⑤ 강회 : 미나리나 실파 등을 데쳐낸 후 편육, 지단, 버섯 등을 썰어서 예쁜 모양으로 말아서 만든 것
⑥ 육회 : 안심, 우둔살 등 소고기의 연한 살코기 이용
⑦ 갑회 : 간, 천엽, 양 등의 내장류

(10) 편육, 족편

① 편육은 물에 삶아 익혔다고 하여 '수육' 또는 '숙육'이라고도 함
② 편육 : 소고기나 돼지고기를 덩어리째 삶아 눌러서 물기를 빼고 얇게 저며 썬 음식
③ 족편 : 육류의 질긴 부위인 쇠족, 힘줄, 껍질 등을 장시간 고아서 굳힌 후 썬 음식

(11) 마른반찬

고기, 생선, 해산물, 채소 등을 소금이나 간장 등으로 간을 하여 말리거나 튀겨서 장시간 보관하여 먹을 수 있도록 만든 저장식

포	• 육류나 어패류를 양념하거나 그대로 말린 것 • 종류 : 육포, 어포, 편포 등
부각	• 재료를 그대로 말리거나 찹쌀풀 등을 묻혀서 말렸다가 튀긴 것 • 종류 : 고추, 깻잎, 김 등
튀각	• 다시마, 호두 등을 기름에 튀긴 것
자반	• 생선 또는 해산물 등에 소금간을 하여 말린 것
무침	• 말린 생선 등의 재료에 양념을 하여 국물 없이 무친 것

(12) 김치, 장아찌, 젓갈

김치	• 채소류를 절여서 저장 발효시킨 음식으로 찬품 중 기본 • 남쪽으로 내려갈수록 따뜻한 기후로 젓갈과 소금, 고춧가루를 많이 사용하며, 간이 세고 맛이 강함 • 북쪽지방은 간이 약하고, 젓갈을 많이 쓰지 않으며 국물이 시원한 것이 특징임
장아찌	• 채소가 많은 철에 간장, 고추장, 된장 등에 넣어 저장해두었다가 그 재료가 귀한 철에 먹는 찬품 • 장과라고도 함 • 바로 만든 장과는 갑장과 또는 숙장과라고 함 • 삼투압 현상으로 수분이 빠지고 재료의 부피가 줄어 조직이 단단해지며, 내용물의 속까지 짭짤한 간이 배어 오랫동안 먹을 수 있음
젓갈	• 어패류의 살, 내장, 알 등에 20% 안팎의 소금으로 간을 하여 염장하여 만드는 저장식품 • 어패류의 단백질 성분이 분해하면서 특유의 맛과 향을 냄

3) 후식류

(1) 떡

떡이란 대개 곡식가루를 반죽하여 찌거나 삶아 익힌 음식으로 농경문화의 정착과 그 역사를 함께 하는 우리나라의 대표적인 전통음식 중 하나임

찌는 떡	• 가장 기본이 되는 대표적인 떡 • 곡물을 가루내어 증기로 쪄내는 떡 • 설기떡 : 한 덩어리가 되게 찐 떡. 무리떡이라고도 함. 감설기, 밤설기, 쑥설기 등 • 켜떡 : 고물을 켜켜이 안쳐 찌는 떡. 녹두시루편 등
빚는떡	• 떡가루를 반죽하여 손으로 모양있게 빚어 만드는 떡 • 송편, 경단 등
치는떡	• 떡가루를 쪄낸 다음 끈기가 나게 치는 떡 • 인절미, 절편, 가래떡 등
지지는떡	• 찹쌀가루를 익반죽하여 기름에 지지는 떡 • 화전, 주악, 부꾸미 등

(2) 한과

유밀과	• 꿀과 기름으로 만듦 • 약과
유과	• 가열에 의해 호화된 찹쌀전분을 쳐서 얇게 만든 후 이것을 말려 노화전분을 만들고 다시 가열할 때 전분입자가 호화되면서 팽화되는 성질을 이용한 것
엿강정	• 조청, 꿀, 설탕을 끓인 시럽에 곡식이나 견과류를 넣고 반대기를 지어서 굳으면 편으로 썬 것
다식	• 곡물가루, 한약재가루, 종실, 견과류 등을 그대로 또는 볶아서 꿀을 넣고 반죽하여 다식판에 박아낸 것
숙실과	• 초 : 익힌 재료를 모양이 그대로 유지되게 꿀에 조린 것. 대추초, 밤초 • 란 : 익힌 재료를 으깨어 꿀에 조려 다시 원래의 모양으로 만든 것. 생란, 조란, 율란
정과	• 생과일 또는 식물의 열매나 뿌리, 줄기의 모양새를 살려 꿀이나 엿을 넣고 조린 것

과편	• 신맛이 있는 과일을 즙에 설탕이나 꿀을 넣고 조리다가 녹말을 넣어 엉기면 식힌 다음 편으로 썬 것 • 앵두편, 모과편, 복분자편 등

(3) 음청류

술 이외의 기호성 음료의 총칭

차	• 재료를 꿀이나 설탕에 재웠다가 끓는 물에 타거나 직접 물에 넣어서 끓여 마시는 것
탕	• 향약을 달여서 마시는 음료
장	• 향약, 과실 등을 꿀, 설탕, 녹말을 푼 물에 침지하여 숙성시켜서 약간 시게 하여 마시는 것
갈수	• 농축된 과일즙에 한약재를 가루내어 혼합하여 달이거나 한약재에 곡물, 누룩 등을 넣어 꿀과 함께 달여 마시는 음료
화채류	• 여러 종류의 과일과 꽃을 여러 형태로 썰어서 꿀이나 설탕에 재우거나 그대로 오미자국물이나 설탕물, 꿀물에 띄워 마시는 것
숙수	• 향약을 물에 넣어 달여 꿀에 타서 마시는 것 • 조선시대부터는 숭늉을 일컫는 말
미수	• 여러 종류의 곡류를 쪄서 곱게 가루내어 냉수나 꿀물 또는 설탕물에 타서 마시는 음료
식혜류	• 엿기름가루를 우려낸 물에 밥을 담가 일정 시간 삭혀 만든 단맛이 없고 신맛이 조금 있는 음료
수정과류	• 생강, 계피 등을 달인 물에 감미를 더하고 곶감을 담근 것

3. 한식의 상차림

1) 일상식

상차림이란 한 상에 차리는 주식류와 찬품을 배선하는 방법을 말함

일상식에서는 주식에 따라 밥을 주로 한 반상을 비롯하여 죽상, 면상, 주안상, 다과상, 교자상 등이 있음

반상	• 밥을 주식으로 차린 상차림 • 쟁첩에 담는 찬품의 가짓수에 따라 3첩, 5첩, 7첩, 9첩, 12첩 반상으로 나뉨 • 민가에서는 9첩까지로 제한하였고, 12첩은 궁에서 차리는 격식
죽상	• 죽을 주식으로 차린 상차림 • 김치는 국물이 있는 나박김치나 동치미 • 찌개는 젓국이나 소금으로 간을 한 맑은 찌개 • 맵지 않은 반찬을 올림
장국상(면상, 만두상, 떡국상)	• 국수, 떡국, 만두 등을 주식으로 차린 상차림 • 점심상 또는 간단한 식사로 차리는 상
주안상	• 술을 대접하기 위한 상차림 • 술의 종류에 따라 알맞게 찬품을 준비
다과상	• 차나 음청류를 마시기 위한 상차림 • 떡, 유밀과, 화채, 차 등을 준비
교자상	• 경사가 있어 손님을 접대할 때 여러 사람을 한자리에서 대접하는 상차림 • 주식은 국수, 떡국, 만두 등의 가루로 만든 음식이고, 후식으로는 각색편, 숙실과, 생과일, 화채, 차 등을 마련함

2) 반상의 첩수

구분 / 첩수	기본음식							쟁첩에 담는 반찬										
	밥	국	김치	장류	찌개	찜	전골	생채 (나물)	숙채 (나물)	구이	조림	전	마른반찬	장아찌	젓갈	회	편육	수란
3	1	1	1	1				택1		택1			택1					
5	1	1	2	2	1			택1		1	1	1	택1					
7	1	1	2	3	2	택1		1	1	1	1	1	택1			택1		
9	1	1	3	3	2	1	1	1	1	1	1	1	1	1	1	택1		
12	1	1	3	3	2	1	1	1	1	2	1	1	1	1	1	1	1	1

3) 의례식

통과의례(돌, 혼례, 회갑, 상례, 제례 등)에 먹는 음식

백일상	백설기, 수수경단, 송편, 미역국, 흰밥 등
돌상	백설기, 수수경단, 쌀, 국수, 과일 등
회갑	큰상(고배상 : 떡, 숙실과, 생실과, 유과), 소채, 고기, 생선 등으로 만든 음식
폐백상	편포 또는 육포, 폐백대추, 술 등
제상	주(술), 과(생과, 건과), 포(육포, 어포) 등

4. 한국의 시절식

1) 시식 : 계절음식

봄	탕평채, 수란, 애탕, 진달래화전, 두견화전, 도화주, 송순주, 삼해주 등
여름	밀쌈, 증편, 상화병, 닭칼국수, 편수, 임자수탕 등이 있으며 삼복음식으로 칼국수, 삼계탕, 편수 등
가을	전골 또는 신선로, 메밀만두, 밀만두, 갈비요리, 연포탕, 감국전, 호박고지시루떡, 무시루떡, 유자화채 등
겨울	동치미, 곰탕, 만둣국, 족편, 완자탕, 장김치, 통김치, 팥죽, 식혜, 수정과, 잡과병, 주악 등

2) 절식 : 다달이 먹는 명절음식

설날	• 1월 1일 • 새해 첫날로 조상께 차례를 드리는 날 • 떡국, 만두, 한과 등
정월대보름	• 음력 1월 15일 • 오곡밥, 묵은나물, 부럼 등
삼짇날	• 음력 3월 3일 • 봄의 시작을 알리는 명절 • 육포, 진달래화전, 화면, 진달래화채 등
단오	• 음력 5월 5일 • 수리취떡, 제호탕, 준칫국 등
삼복	• 일년 중 가장 더운 절기. 초복, 중복, 말복 • 복죽(팥죽), 육개장, 계삼탕, 개장국, 임자수탕 등
추석(한가위)	• 음력 8월 15일 • 햇과일이나 햇곡식으로 만든 음식을 선조께 다례를 지내고 성묘하는 날 • 송편, 토란탕, 갖은 나물, 햇과일 등
상달	• 일년 중 가장 좋은 달로 생각하여 하늘과 여러 신에게 제사를 지냄 • 무시루떡, 무오병, 유자화채, 변씨만두, 연포탕 등
동지	• 하루 중 낮이 가장 짧은 날로 '작은 설'이라고 함 • 팥죽, 식혜, 수정과, 동치미 등

5. 지역별 한국음식

1) 서울

① 짜지도 않고, 맵지도 않아 전국적으로 중간 정도의 맛

② 말린 자반생선이나 장아찌 등 밑반찬류가 많음

③ 음식의 분량은 적으나 가짓수는 많음

④ 오색고명을 써서 모양 있게 꾸민 화려한 음식이 많음

⑤ 설렁탕이나 곰탕 등의 탕반이 유명

⑥ 음식 간을 새우젓국으로 많이 냄

⑦ 김치 : 짜지도 싱겁지도 않으며 섞박지, 보쌈김치, 총각김치, 깍두기가 유명

⑧ 향토음식 : 장국, 설렁탕, 궁중떡볶이, 너비아니, 장김치, 약식 등

2) 경기도

① 개성 음식을 제외하고는 소박하면서 다양

② 음식의 간은 짜지도 싱겁지도 않은 서울과 비슷한 정도

③ 된장을 많이 사용

④ 사치스럽지 않고 양념을 많이 쓰지 않아 자연 그대로의 맛을 살리는 편

⑤ 향토음식 : 조랭이떡국, 무찜, 홍해삼, 편수 등

3) 충청도

① 생선은 구하기가 어려워 옛날에는 절인 자반 생선을 이용

② 사치스럽지 않고 양념도 많이 쓰지 않은 자연그대로의 맛을 살리는 편

③ 산채와 버섯이 많아 그것들로 만든 음식이 유명

④ 된장을 즐겨 사용

⑤ 향토음식 : 간월도의 어리굴젓, 청국장, 올갱이국, 호박꿀단지 등

4) 강원도

① 영서, 영동지방이 다르고 산악과 해안지방도 달라 산악지방에서는 육류를 많이 쓰지 않고, 해안지방에서는 멸치나 조개 등을 많이 사용
② 소박하고 먹음직스러움
③ 주식은 강냉이밥, 메밀막국수, 강냉이범벅, 감자범벅 등
④ 동해의 명태, 오징어, 미역 등을 가공한 음식이 많이 있음
⑤ 양양의 송이가 유명
⑥ 향토음식 : 감자밥, 오징어순대, 도토리묵무침, 찰옥수수시루떡, 감자떡 등

5) 경상도

① 음식이 대체로 맵고 간이 센 편으로 투박하지만 칼칼하고 감칠맛이 있음
② 방아잎과 산초를 넣어 독특한 향을 즐김
③ 다른 지방보다 된장을 많이 먹는 편으로 막장과 담북장이 있음
④ 마늘, 고추를 많이 쓰지만 생강은 많이 쓰지 않음
⑤ 향토음식 : 화반(진주비빔밥), 안동식혜, 동래파전, 추어탕 등

6) 전라도

① 재료가 다양하고 음식에 정성이 많이 들어가서 음식이 사치스러운 편
② 음식의 가짓수를 많이 함
③ 기후가 따뜻하여 간이 센 편이고 젓갈류, 양념, 고춧가루를 많이 넣음
④ 김치는 해산물이 풍부해 젓갈을 많이 사용
⑤ 맵고 짭짤하고 맛이 진하며 자극적임
⑥ 향토음식 : 전주비빔밥, 애저, 추어탕, 낙지호롱, 홍어회, 고들빼기김치

7) 제주도

① 기후가 따뜻하고 근해에 잡히는 어류가 특이하며, 주된 재료는 어류와 해초가 많이 쓰임
② 된장으로 맛을 내는 경우가 많음
③ 양념을 적게 쓰며 간은 대체로 짜게 하는 편
④ 재료가 가지고 있는 맛을 그대로 살리는 것이 특색
⑤ 김치 종류도 많지 않고 오랜 기간 동안 저장하지 않는 편임
⑥ 향토음식 : 자리물회, 해물뚝배기, 빙떡, 전복죽, 오메기떡 등

8) 황해도

① 쌀 생산이 많고 잡곡의 질이 좋음
② 음식에 기교를 부리지 않고 구수하면서도 소박함
③ 간은 별로 짜지도 싱겁지도 않음
④ 향토음식 : 호박지찌개, 연안식해, 돼지족조림 등

9) 평안도

① 해산물과 곡식이 풍부
② 콩이나 녹두로 만드는 음식이 많음
③ 간은 심심하고 맵지도 짜지도 않음
④ 향토음식 : 냉면, 만두, 녹두빈대떡 등

10) 함경도

① 험한 산골과 동해바다에 면하고 있어 음식이 독특하게 발달
② 간은 세지 않고 담백한 맛
③ 장식이나 기교가 적은 음식 발달
④ 향토음식 : 함흥냉면, 순대, 가자미식해, 동태순대 등

6. 한식의 양념 및 고명

1) 양념의 종류

(1) 소금

소금의 짠맛은 신맛과 함께 있을 때 신맛을 약하게 느끼게 하고, 단맛은 더욱 달게 느끼게 하는 상승작용이 있음

① 호렴 : 알이 굵고 거친 천일염을 말하며, 장을 담그거나 채소, 생선의 절임용으로 주로 사용
② 제재염 : 음식에 직접 간을 맞추거나 적은 양의 채소나 생선 절임에 사용
③ 식탁염 : 입자가 곱고 식탁에서 간을 조절하는 데 사용

(2) 간장

① 국간장 : 국, 찌개, 나물 등에 색이 연한 청장 사용. 보통 염도 24%
② 진간장 : 콩을 분해해 아미노산을 액화시켜 만든 화학간장. 주방에서 조리할 때 조미료로 사용. 초간장, 양념간장 등에도 사용. 보통 염도 18~20%
③ 양조간장 : 6개월 정도 발효시킨 간장
④ 향신간장 : 진간장에 대파, 마늘, 양파, 다시마, 생강, 통후추, 건표고 등을 넣어 끓인 후 걸러 요리에 사용하는 간장

간장은 한국의 전통 발효식품 중 하나로 콩을 주원료로 제조된 조미식품이다(Park HR 등, 2012). 예로부터 간장은 과거 육류자원이 풍부하지 못하였을 때 곡류 섭취로 부족하기 쉬운 필수아미노산 및 지방산의 공급원이 되었으며, 현재까지도 한국인의 식생활에 깊게 자리매김하여 짠맛을 제공하는 조미료로 사용되고 있다(Choi SY 등, 2006). 또한 짠맛 외에도 발효과정을 통해 다양한 아미노산과 유리당, 유기산이 생성되어 구수한 맛, 단맛, 신맛 등을 제공한다(Choi KS 등, 2000).

간장은 제조방법에 따라 재래식 간장과 개량식 간장으로 구분된다. 재래식 간장은 대두를 이용하여 메주를 만들어 자연발효시킨 후 염수에 담금하고 숙성, 발효시켜 건더기와 여액을 분리하여 그 여액을 가공한 것으로 재래 한식간장, 재래식 조선간장 또는 재래식 국간장으로 불린다(Kim DH 등, 2001; Park HR 등, 2012). 개량식 간장은 개량식 메주를 이용하여 발효, 숙성시켜 그 여액

을 가공한 개량 한식간장(개량식 국간장)과 대두, 탈지대두 또는 곡류 등에 누룩균 등을 배양하여 염수 등에 섞어 발효, 숙성시켜 그 여액을 가공한 양조간장으로 분류된다(Kim ND, 2007; Kim DH 등, 2001; Korea Food and Drug Administration, 2013).

재래식 간장은 제조시간과 노력이 많이 요구되어 개량식 간장의 소비가 증가하고 있지만(Kim YA & Kim HS, 1996; Oh GS 등, 2003; Kim JG, 2004), 소비자들의 웰빙, 슬로푸드 등에 대한 관심이 높아짐에 따라 전자상거래를 통한 판매가 점진적으로 증가하고 있으며, 최근 들어 기업에서도 개량 한식간장을 제조하여 우리 고유의 음식맛을 살리고자 하는 추세이다(Choi NS 등, 2013).

국간장, 진간장, 간장의 '간'은 소금의 짠맛을 나타내고, 된장의 '된'은 되직한 것을 뜻한다. 음식의 종류에 따라 간장의 종류를 구별하여 써야 하는데, 국, 찌개, 나물 등에는 색이 옅은 청장(국간장, 재래식 간장)을 쓰고, 조림, 초, 포 등의 조리와 육류의 양념은 진간장(개량식 간장)을 쓴다.

간장은 주방에서 조리할 때 조미료로서만이 아니라, 상에서 쓰이는 초간장, 양념간장 등을 만드는 데에도 쓰인다. 전유어나 만두, 편수 등에 곁들여 낼 때의 초간장은 간장에 식초를 넣고, 양념간장은 고춧가루, 다진 파, 다진 마늘 등을 넣어야 맛이 더 있다.

(3) 된장

된장은 곡류 단백질에서 부족하기 쉬운 필수아미노산을 비롯하여 지방산, 유기산, 미네랄, 비타민 등을 보충해주는 영양학적 우수성을 지닌 식품으로(Jun HI, Song GS, 2012) 조미료뿐만 아니라 단백질 급원 식품 역할까지 하였으며, 주로 토장국과 된장찌개의 맛을 내는 데 쓰이고 상추쌈이나 호박쌈에 곁들이는 쌈장과 장떡의 재료가 된다.

장류는 우리 조상들의 지혜를 모아서 여러 가지 형태로 가공되어진 조미식품으로 콩을 원료로 한 발효식품이며(Jun Hi, Song GS, 2012), 특히 된장은 한국인의 식생활에서 김치, 젓갈류와 함께 가장 중요한 식품으로(Seo JH, Jeong YJ, 2001) 그 수요가 광범위한 것으로 알려져 있다(Lee KI 등, 2001).

최근에는 된장과 조화를 이루며 기능성을 강화할 수 있는 소재를 첨가한 제품이 연구 및 개발되고 있는데, 마 첨가 된장(Jun HI, Song GS, 2012), 감귤, 녹차, 선인장 분말 첨가 된장(Kim JH 등, 2010), 가시오가피, 당귀, 산수유를 첨가한 된장(Lee YJ, Han JS, 2009), 유자즙 첨가 된장(Shin JH 등, 2008) 등 첨가되는 소재의 종류가 매우 다양하다(Kang JR 등, 2014).

(4) 고추장

고추장은 우리 고유의 간장, 된장과 함께 발효식품으로 세계에서 유일한 매운맛을 내는 복합 발효 조미료이다.

단백질로부터 유래되는 정미 성분, 고추의 매운맛과 당류에서 오는 단맛, 고추장 제조에 사용된 곡물류의 단백질이 효소작용에 의해 분해되면서 생성된 아미노산과 핵산에서 오는 구수한 고추장맛, 식염에 의한 짠맛, 그리고 미생물의 대사 및 발효작용으로 생성되는 유기산에 의한 신맛이 잘 조화를 이루어 고추장 고유의 풍미를 지니고 있다(Kim YS 등. 1993; Kim YS 등. 1994; Kim MS 등. 1998; Kim DH & Kwon YM, 2001). 뿐만 아니라 고추장은 된장, 청국장 등의 기능성 연구보고와 함께 비만억제 및 항암효과, 항변이원성, 항산화성과 같은 다양한 생리적 기능성을 지닌 것으로 알려져 있다(Choo JJ, 2000).

(5) 설탕, 꿀, 조청

① 설탕 : 단맛을 내는 조미료로 가장 많이 사용
② 꿀 : 천연감미료. 꿀벌의 종류와 꽃의 종류에 따라 맛과 향이 다름
③ 조청 : 곡류를 엿기름으로 당화시켜 오래 고아서 걸쭉하게 만든 묽은 엿

(6) 식초

① 양조식초 : 원료를 발효시켜 초산을 생성하는 식초
② 합성식초 : 화학적으로 합성된 빙초산 또는 초산을 물로 희석하여 식초산이 3~4%가 되도록 한 식초
③ 혼성식초 : 합성식초와 양조식초를 혼합한 것

식초는 동서양의 대표적인 발효식품으로 미생물을 이용하여 당류나 전분질을 함유하고 있는 여러 원료들을 알코올 및 초산 발효시켜 제조된다(Hong SM 등. 2012). 식초의 종류는 초산을 희석하고 각종 감미료를 첨가하여 만드는 합성식초와 곡류, 사과, 감 등을 이용하여 발효시키는 양조식초로 대별되며, 양조식초는 과즙을 30% 이상 함유하는 과실식초와 곡물을 4% 이상 함유하는 곡물식초로 분류되고 있다(Baek CH 등. 2013).

(7) 마늘

마늘은 한국 식생활의 필수 조미재료로서 향신료, 조미료, 절임 등으로 다양하게 쓰이고 있으며, 된장을 이용하여 만드는 쌈장과 된장찌개 등에도 향미를 더욱 좋게 하기 위해 이용되는 등 우리 음식문화에서 차지하는 비중이 큰 채소이다(Jang HS, Hong GH, 1988).

마늘은 기후에 따라 생육 특성의 차이가 뚜렷한 작물로(Cortes CF 등, 2003), 우리나라 각지에서 재배되는 마늘은 생육지역의 기후특성에 따라 난지형과 한지형으로 구분된다(Hwang JM, Lee BY, 1990). 국내에서 재배되는 마늘의 77%를 차지하는 난지형 마늘은 비교적 따뜻한 남쪽지방인 제주, 고흥, 남해, 해남, 무안 등이 주산지이고, 한지형 마늘은 상대적으로 추운 지방인 의성, 태안, 삼척, 단양, 서산 등에서 주로 재배된다. 한지형 마늘은 조직이 단단하고 저장성이 좋으며 매운맛이 강한 반면, 난지형 마늘은 구가 크고 인편이 많으며 저장성은 낮은 것으로 알려져 있다(Shin DB 등, 1999).

(8) 생강

생강은 쓴맛과 매운맛을 내며 강한 향을 가지고 있어 어패류나 육류의 비린내를 없애주고 연하게 하는 작용을 한다. 생선이나 육류로 익히는 음식을 조리할 때는 생강을 처음부터 넣는 것보다 재료가 어느 정도 익은 후에 넣는 것이 효과적이다.

생강은 열대아시아가 원산지인 다년생 초본식물이다. 근경 특유의 맛과 향기로 인해 기호성이 높은 향신료 중의 하나로, 세계적으로 널리 사용되고 있다(Kim JS 등, 1991).

생강의 최대 생산국이자 수출국은 인도이며, 말레이시아, 중국, 대만, 타이, 자메이카, 나이지리아, 호주, 일본 등에서도 생산되고 있다(Kim EK, 2009). 우리나라에서는 충남 서산, 당진 지역이 최대 주산지로 전국 생산량의 63%를 차지하고, 전북 완주, 익산 지역에서 약 33%를 생산하고 있다(Jeong MC 등, 1998).

생강은 모노테리펜(monoterpene), 세스퀴테르펜(sesquiterpene)과 같은 방향물질의 다량 함유로 특유의 맛과 향기를 나타내고, 생강 특유의 자극적인 맛을 느끼게 하는 진저롤(gingerol), 쇼가올(shogaol) 등이 많이 들어 있어 여러 가공식품에 사용되고 있다(Chung YK 등, 2012). 생생강, 건생강, 생강의 정유 성분을 추출하여 가공한 올레오레진(oleoresin), 정유(essential iol) 등이 식용, 화장품용 또는 약용으로 사용되고 있다(Kim JS 등, 1991; Kim ML 등, 2001).

생강은 음식에 따라 강판에 갈아서 즙만 넣기도 하고 곱게 다지거나 채로 썰거나 얇게 저며 사용한다. 생강을 이용한 음식에 대한 연구로는 생강가루 첨가 찹쌀머핀(Joo NM, Lee SM, 2011), 생 강가루 첨가량에 따른 양갱(Han EJ, Kim JM, 2011) 등의 연구가 있다.

(9) 한국음식 양념장(10가지 기본 양념장)

모체 양념군	기본 양념장	주요 용도	식재료에 대한 양념장 사용 비율
간장	간장양념장	찜, 구이, 볶음, 무침 등	19~22%(찜) 15~17%(구이, 볶음) 26~30%(무침, 비빔)
	초간장	무침, 채소절임, 초장	20~25%(무침) 110~130%(절임)
고추장	고추장양념장	비빔, 볶음, 구이, 쌈장(곁들임) 등	9~11%(비빔) 12~16%(볶음, 구이)
	고추장찌개장	찌개, 매운탕 등	8~11%(건더기와 물 포함)
	초고추장	비빔, 무침, 곁들임 등	27~37%(무침)
된장	된장양념장	무침, 쌈장 등	22~28%(무침)
	된장찌개장	찌개, 국 등	10~15%(찌개, 건더기와 물 포함) 4~6%(국)
젓갈	김치양념장	배추김치, 깍두기, 오이소박이, 즉석 겉절이 등	30~37%(겉절이, 배추김치) 15~18%(절인 경우)
	젓갈양념장	찌개, 찜, 볶음, 곁들임 등	7~9%(찌개) 4~5%(찜) 5~6%(볶음)
식초	단촛물	무침, 절임, 초밥 등	9~12%(무침) 50~60%(절임)

출처: 한식양념장, 농촌진흥청, 2014.

2) 고명의 종류

달걀지단	• 달걀을 흰자와 노른자로 나누어 지져서 사용 • 채 썬 지단 : 나물, 잡채 등 • 골패형과 마름모꼴 : 국, 찜, 전골 등 • 줄알 : 국수나 만둣국, 떡국 등
미나리초대	• 줄기부분만 꼬치에 끼워 밀가루, 달걀을 묻히고 지져서 사용 • 골패형과 마름모꼴 : 탕, 신선로, 전골 등
고기완자	• 소고기를 곱게 다져 양념하여 완자로 만들어 밀가루, 달걀을 묻힌 후 굴려가면서 익혀서 사용 • 신선로, 면, 전골 등
고기고명	• 곱게 다지거나 채 썬 소고기를 양념하여 볶아 식힌 후 사용 • 다진고기 고명 : 국수장국, 비빔국수 등 • 채 고명 : 떡국, 국수 등
알쌈	• 다진 소고기에 양념하여 익힌 후 원형의 흰자와 노른자 각각에 넣고 반달모양으로 만들어 지져서 사용 • 비빔밥, 떡국, 신선로, 찜 등
버섯류	• 표고버섯 : 건표고버섯은 불려서 채, 은행잎, 골패형, 마름모꼴 사용 • 석이버섯 : 불려서 이끼, 돌기 제거 후 채 썰어 소금, 참기름으로 양념하여 볶아서 사용. 보쌈김치, 국수, 잡채 등 • 목이버섯 : 건목이버섯은 불려서 먹기 좋게 3~4등분으로 찢은 후 양념하여 볶아서 사용
실고추	• 붉은색의 곱게 말린 고추를 씨를 제거한 후 곱게 채 썬 것 • 나물이나 국수 등
홍고추, 풋고추	• 씨를 제거하고 채를 썰거나 완자형, 골패형으로 사용 • 익힌 음식의 고명으로 사용할 때는 데쳐서 사용
통깨	• 참깨를 빻지 않고 통째로 나물, 잡채, 적, 구이 등의 고명으로 사용
호두	• 따뜻한 물에 잠시 담가 속껍질을 벗겨 사용 • 찜, 신선로, 전골 등

대추	• 건대추 : 젖은 행주로 닦고 살을 발라내어 채 썰어 사용 • 백김치, 식혜, 차 등
잣	• 굵고 통통하며 겉으로 기름이 배이지 않고 보송보송한 것이 좋음 • 뾰족한 쪽의 고깔을 떼어낸 후 통잣으로, 반을 가르는 비늘잣으로, 잣가루로 사용 • 통잣 : 전골, 탕, 신선로, 차, 화채 등 • 비늘잣 : 만두소, 편 등 • 잣가루 : 회, 적, 구절판 등
밤	• 껍질을 벗겨 통째로 사용하거나 채로 썰거나 편으로 썰어 고명으로 사용 • 보쌈김치, 겨자채, 냉채 등
실파	• 찜이나 전골, 국수 등
은행	• 껍질을 까서 번철에 약간의 기름을 두르고 굴리면서 약간의 소금을 넣고 익힌 후 뜨거울 때 종이타올이나 면포를 비벼 속껍질을 벗겨 사용 • 신선로, 전골, 찜 등

(1) 고명의 색(음양오행설)

오색고명	식품
흰색	• 달걀흰자
노란색	• 달걀노른자
붉은색	• 다홍고추, 당근, 실고추, 대추
녹색	• 미나리, 실파, 호박, 오이, 풋고추
검은색	• 석이버섯, 목이버섯, 표고버섯

7. 한국음식의 육수

육류 또는 가금류, 뼈, 건어물, 채소류 및 향신채 등을 넣고 물에 충분히 끓여 내어 국물로 사용하는 재료

1) 육수의 종류 및 만들기

일반 육수	• 일반적으로 많이 사용 • 주로 뼈 종류에 찬물을 부어 끓이면서 거품을 제거하고 향신채소와 술을 넣어 약한 불로 천천히 끓이는 방법
곰탕	• 닭, 오리, 돼지뼈, 돼지족발, 내장 등과 같이 국물이 뽀얗게 우러나는 식재료를 사용하여 끓이는 방법
맑은 육수	• 닭고기, 돼지고기, 쇠고기 등을 끓는물에 한번 데친 후 찬물에서 센 불로 다시 끓이면서 불의 세기를 조절하여 끓이는 방법
채소 육수	• 당근, 무, 표고버섯 등 채소를 같이 넣고 끓인 후 체에 거른 것

2) 재료에 따른 육수 분류

소고기 육수	• 양지머리, 사태육, 업진육 등 질긴 부위 사용 • 소의 사골, 도가니, 잡뼈 등을 섞어서 끓이면 맛이 더 진하고 뽀얀색의 육수가 만들어짐 • 토장국, 육개장, 우거지탕, 미역국, 갈비탕, 냉면육수 등에 사용
닭고기 육수	• 향신채소와 함께 찬물에 통째로 끓여 사용 • 초계탕, 초교탕, 미역국 등에 사용
멸치, 다시마 육수	• 멸치는 머리와 내장을 떼고 기름 없이 볶고, 다시마는 젖은 면포로 닦아 사용 • 생선국, 전골, 해물탕 등에 사용
조개 육수	• 조개탕, 토장국, 해물탕, 매운탕 등에 사용
콩나물 국물	• 약간의 소금을 넣고 뚜껑을 덮어 비린내가 나지 않도록 하거나 처음부터 뚜껑을 열고 끓여서 사용 • 콩나물국, 콩나물해장국, 콩나물국밥 등에 사용
냉국 국물	• 찬물에 건다시마, 가다랭이, 멸치 등을 넣고 끓여 면포에 걸러 차갑게 식힌 후 사용
과육 국물	• 배, 사과 껍질 등에 2~3배의 물을 넣고 끓여 면포에 걸러 차갑게 식힌 후 사용 • 동치미 등의 물김치 등에 사용

8. 한식조리 기본 준비

다듬기	• 재료의 가식부위가 아닌 부분을 떼어내는 방법
씻기	• 채소의 조직과 특성에 맞게 종류별로 씻는 방법을 다르게 해야 함 • 연한 채소는 물에 살짝 씻어야 풋내가 나지 않음
썰기	• 채소나 조리할 재료들을 먹기 좋은 크기로 잘라 주는 방법 • 요리에 따라 다양한 썰기 방법이 있음
데치기	• 채소를 끓는물에 잠시 넣었다가 건져서 찬물에 씻어 건져내는 방법 • 영양소의 파괴와 갈변을 막기 위해 끓는물에 짧게 넣었다가 건져내는 것이 중요
삶기	• 채소를 끓는물에서 재료가 잠길 정도로 익히는 방법 • 식재료가 부드럽게 되고 육류는 단백질 응고가 되어 재료의 좋지 않은 맛 제거
볶기	• 고온에서 적은 기름으로 단시간 조리하는 방법 • 영양소 손실이 적고 식감이 좋음

9. 한국음식 담기

1) 그릇의 종류

주발	• 유기, 사기, 은기로 된 밥그릇. 주로 남성용 • 사기주발을 사발이라고 함 • 밥이나 국을 담는데 사용
바리	• 유기로 된 여성용 밥그릇
탕기	• 국이나 찌개 등을 담는 그릇 • 모양은 주발과 비슷
대접	• 위가 넓고 높이가 낮은 그릇 • 숭늉, 면, 국수를 담는 그릇 • 요즈음 국대접으로 흔히 사용
조치보	• 찌개를 담는 그릇
보시기	• 김치를 담는 그릇 • 쟁첩보다 약간 크고 조치보다 운두가 낮음
쟁첩	• 전, 구이, 나물, 장아찌 등 대부분의 찬을 담는 그릇 • 작고 납작하며 뚜껑이 있음
종지	• 간장, 초장, 초고추장 등의 장류와 꿀을 담는 그릇 • 기명 중에서 가장 작음
합	• 작은 합은 밥그릇으로 쓰이고 큰 합은 떡, 약식, 면, 찜 등을 담음

조반기	• 대접처럼 운두가 낮고 위가 넓은 모양으로 꼭지가 달려 있고 뚜껑이 있음 • 떡국, 면, 약식 등을 담음
반병두리	• 위는 넓고 아래는 조금 평평한 양푼모양의 은기나 유기로 만든 대접
접시	• 운두가 낮고 납작한 그릇으로 찬, 과실, 떡을 담음
토구	• 식사중 질긴 것이나 가시 등을 담는 그릇 • 비아통이라고도 함
옴파리	• 사기로 만든 입이 작고 오목한 바리
밥소라	• 떡, 밥, 국수 등을 담는 큰 유기그릇
쟁반	• 주전자, 술병, 찻잔을 담아 놓거나 나르는데 사용 • 사기, 유기, 목기 등으로 만듦
놋양푼	음식을 담거나 데우는데 쓰는 놋그릇

2) 그릇의 재질

석기 (stoneware)	• 빛깔은 청회색 • 충격강도가 자기보다는 떨어지나 도기보다는 높음 • 마모, 열, 산에 대한 저항성이 큼
도기(질그릇) (earthware)	• 빛깔은 백색 • 연질도기, 경질도기, 반자기질도기가 있음 유약을 발라 온도가 자기보다 낮아서 제품제작이 쉬운 편
크림웨어 (creamware)	• 석기와 비슷한 구조를 가지고 있으며 단단하고 내구성이 좋음 • 밝은 크림색 • 격식있는 자리부터 약식 식사까지 모두 잘 어울리는 재질
본차이나 (bone china)	• 황소나 가축의 뼈를 태운 생석회질로 된 골회를 첨가시켜 만든 것 • 연한 우유색의 부드러운 광택이 남 • 골회를 많이 섞을수록 질이 좋음
자기 (procelain)	• 경질자기, 연질자기, 특수자기로 구분 • 청자, 백자, 분청사기 등
칠기	• 옻나무의 칠을 써서 가공, 도장한 것 • 열에 강하고 방부, 방습성이 매우 뛰어남
은식기	• 변색과 변질이 쉬움 • 은도금은 한번 부식되면 복원이 안됨
스테인리스 스틸 (stainless steel)	• 광택이 조금 떨어지나 손질이 간편하고 값이 저렴 • 일반 가정에서 많이 이용

3) 그릇의 형태

원형	• 가장 기본적인 형태 • 편안함과 고전적인 느낌 • 레이아웃에 따라 자유롭고 고급스럽게 안정된 이미지 부여
사각형	• 모던함을 연출할 때 사용 • 안정되고 세련된 느낌과 함께 친근한 인상을 줌 • 개성이 강하며 독특한 이미지 표현에 사용 • 완성도가 높으면서도 변화를 쉽게 연출 가능
이미지 사각형	• 평행사변형, 마름모형 접시 • 쉽게 이미지가 변해 움직임과 속도감을 느낄 수 있음 • 평면이면서 입체적으로 보임
타원형	• 우아함, 여성적인 기품, 원만함 등을 표현 • 포근한 인상을 전해줌
삼각형	• 이등변삼각형, 피라미드형, 삼각형 등은 전통적인 구도 • 코믹한 분위기의 요리에 사용 • 자유로운 이미지의 요리에 사용
역삼각형	• 강한 이미지 연출 가능

4) 한식의 담음새

그릇에 음식이 담겨져 있는 모양, 상태, 정도의 뜻

색감		• 가장 직접적이고 기본적인 이미지를 형성시키는 요소 • 식기와 음식의 색감 조화가 담음새에 가장 큰 영향을 미침 • 한식의 색감은 고명색, 식재료 고유의 색, 숙성된 색, 양념색 등으로 나타냄
담는 방법		• 주로 돔 형식으로 소복이 담거나 겹쳐서 담는 방식이 보편적임
	좌우대칭	• 가장 균형적인 구성형식 • 중앙을 지나는 선을 중심으로 대칭으로 담음 • 고급스럽고 안정감이 느껴지나 단순화되기 쉬움
	대축대칭	• 접시 중심에 좌우 균등한 열십자를 그려서 요리의 배분이 똑같은 것 • 원형 접시가 대축대칭이 쉬움 • 안정감, 화려함, 높은 완성도를 나타냄
	회전대칭	• 요리의 배열이 일정한 방향으로 회전하며 균형 잡혀 있음 • 격정적이고 경쾌하며 중심이 강조
	비대칭	• 중심축에 대해 양쪽 부분의 균형이 잡혀 있지 않은 것 • 시각적으로 정돈되어 균형이 잡혀 있는 배열 • 불균형 속에서의 균형이 중요

5) 담는 양

음식의 종류	양
국, 찜, 선, 생채, 나물, 조림, 초, 전유어, 구이, 적, 회, 쌈, 편육, 족편, 튀각, 부각, 포, 김치	식기의 70%
탕, 찌개, 전골, 볶음	식기의 70~80%
장아찌, 젓갈	식기의 50%

출처: 최윤희(2014), 『한식 세계화를 위한 음식별 담음새 연구』, 숙명여자대학교 전통문화예술대학원.

6) 접시 담기의 기본 원칙

① 접시의 내원을 벗어나지 않게 담음

② 고객의 편리성에 초점을 두고 담음

③ 재료별 특성을 이해하고 일정한 공간을 두어 담음

④ 불필요한 고명은 배제

⑤ 지나친 소스 사용으로 음식의 색상이나 모양이 나쁘지 않게 유의해서 담음

⑥ 음식은 가급적 간결하면서 심플하게 담음

7) 음식담기의 기본과 주의할 점

(1) 완성된 음식의 외형을 결정하는 요소

음식의 크기	• 음식 자체의 적정 크기 • 그릇 크기와의 조화 • 1인 섭취량 및 경제성
음식의 형태	• 전체적인 조화 • 식재료의 미적 형태 • 특성을 살린 모양
음식의 색	• 각 식재료의 고유의 색 • 전체적인 색의 조화 • 식욕을 돋우는 색

(2) 음식과 온도 유지

음식의 온도가 체온과 가까울수록 자극은 약해지고 체온과 멀어질수록 자극은 강해짐

음식이 맛있게 느껴지는 온도 : 뜨거울 때 60~65℃, 차가울 때 12~15℃

2장 한식 밥조리

1. 밥 재료 준비하기

1) 밥 재료 준비

쌀	• 쌀의 종류 : 인디카형, 자포니카형, 자바니카형 • 멥쌀 : 아밀로오스 20~25%, 아밀로펙틴 75~80%. 점성이 약함 • 찹쌀 : 아밀로펙틴 100%. 점성이 강함 • 현미 : 벼에서 왕겨층을 벗겨낸 것 • 백미 : 배유만 남은 것 • 도정을 많이 할수록 단백질, 지방, 회분, 섬유질, 무기질, 비타민 함량 감소, 당질 함량 증가
보리	• 주성분 : 전분 • 겉보리는 껍질이 알맹이에서 분리되지 않고 쌀보리는 성숙 후에 잘 분리됨 • 압맥(고열 증기로 쪄서 부드럽게 한 후 눌러 만듦)과 할맥(보리의 중심부를 2등분한 것)은 섬유소가 낮아 소화율이 높음 • 탄수화물 70% 전후, 단백질 8~12%, 비타민 B군이 많고 도정해도 손실이 적음 • β-글루칸 함유 : 콜레스테롤 저하 및 변비 예방
두류	• 식물성 단백질 풍부 • 종피가 단단하여 장기 저장 가능 • 고단백질 : 대두, 낙화생(35% 내외) • 고지방 및 저당질(25% 내외) • 저단백질 : 팥, 완두콩(20% 내외) • 주단백질 : 글리시닌(완전단백질) • 생 대두의 독성물질 : 사포닌, 트립신 저해물질, 아밀로오스 저해물질, 헤마글루티닌이 있음 　–가열시 파괴됨
조	• 단백질 중 프롤라민이 많고 소화율이 좋음 • 아밀로펙틴 함량에 따라 차조와 메조로 구분 • 차조는 메조보다 단백질과 지질 함량이 높고 값은 저렴 • 겨는 단무지 착색에 사용
기장	• 주성분 : 당질 • 조단백질의 95%는 순수단백질이지만 쌀보다 소화율이 떨어지며, 단백질, 지방질, 비타민 A 등이 풍부

2) 돌솥, 압력솥 도구 선택하기

돌솥	• 보온성이 좋고 천연재질로 음식 고유의 맛을 살림
압력솥	• 내부의 증기를 모아 내부 압력을 높여 물의 비점을 상승시키는 원리를 이용한 습식가열 조리기구 • 영양소 파괴가 적고 재료의 색상이 그대로 유지 • 연료와 시간이 절약

3) 압력솥 부품의 기능

뚜껑	패킹과 함께 증기의 누수를 막아 증기를 모으는 기능과 압력조정장치, 안전장치 등의 부품을 안전하게 고정 설치할 수 있는 역할
몸체	식품 등의 조리물을 담는 주 용기로서의 기능
압력조절장치	압력솥 내부의 압력을 일정 압력(1.5kg/㎠ 이하의 설정압)으로 유지시켜 줌으로써 조리를 가능하게 함
안전장치	압력조절장치가 어떤 원인으로 작동하지 않을 경우, 압력솥이 폭발하기 전에 압력을 안전하게 배출해 주는 기능
고무패킹	몸체와 뚜껑의 기밀을 유지시켜 증기압을 모으는 기능
손잡이	가열된 몸체 및 뚜껑의 운반을 위한 기능

2. 밥 조리하기

1) 쌀 씻기(수세)

쌀을 너무 문질러 씻으면 비타민 B_1 등 수용성 비타민의 손실 큼

(1) 곡류 세척 시 주의점

수용성 단백질, 수용성 비타민, 향미물질 등의 손실이 최소화될 수 있도록 큰 채로 단시간에 흐르는 물에 씻어서 사용

(2) 쌀 씻기의 이유

① 불결물 및 유해물, 불미 성분 제거

② 색과 외관을 좋게 함

③ 맛과 촉감 상승

2) 쌀 불리기(침지)

(1) 쌀 전분의 호화에 소요되는 수분을 가열하기 전에 쌀알의 내부까지 충분히 수분을 흡수시키기 위한 작업(30~60분간 시행)

(2) 수분의 흡수속도 영향을 주는 요인
　① 품종
　② 저장시간
　③ 침지온도와 시간
　④ 쌀알의 길이와 폭의 비등

(3) 불림의 목적
　① 건조식품이 팽윤되므로 용적이 증대, 특히 곡류는 전분의 호화가 충분히 행해짐(곡류 2.5배, 일반 건조식품 5~7배, 한천 20배 용적 증대)
　② 불림한 식품은 팽윤, 수화 등의 물성 변화를 촉진하여 조리시간 단축
　③ 단단한 식품은 연화
　④ 식물성 식품의 변색 방지
　⑤ 불미 성분(식품 중의 쓴맛, 떫은맛 성분, 염장품의 소금) 제거

3) 밥 조리하기

- 일반적으로 맛있게 지어진 밥은 쌀 무게의 1.2~1.4배 정도의 물을 흡수
- 밥물은 쌀 부피의 1.2배, 중량의 1.5배가 적당함
- 맛있는 밥의 수분은 65% 전후임
- 다 된 밥의 중량은 쌀의 2.2~2.4배 정도임

(1) 전분의 호화(α-화)하기 쉬운 조건
① 전분의 가열온도가 높을수록 호화하기 쉽다.
② 전분입자의 크기가 작을수록(정백도가 높을수록) 호화하기 쉽다.
③ 가열 시 첨가하는 물의 양이 많을수록 호화하기 쉽다.
④ 가열하기 전 불림 시간이 길수록 호화하기 쉽다.
⑤ 아밀로오스는 호화되기 쉬우며 아밀로펙틴은 호화되기 어렵다.

(2) 전분의 호화과정

① 수화

전분입자에 물을 가하면 물 분자들은 쉽게 전분입자 내에서 미셀(micelle)을 형성하고 있는 아밀로오스나 아밀로펙틴 분자들 사이에 침투해 들어가게 됨

② 팽윤

온도가 계속 상승함에 따라 전분입자들은 물의 흡수량이 증가되어 급속하게 팽윤 (swelling)을 일으킴

③ 미셀(micelle)의 붕괴

전분입자들이 붕괴되고 아밀로오스, 아밀로펙틴 분자들은 분산되어 전분 현탁액은 콜로이드 용액으로 변화됨

④ 겔의 형성

콜로이드 용액을 냉각할 때는 아밀로오스나 아밀로펙틴 분자들은 운동성을 잃고, 농도가 충분히 높을 때에는 반고체의 겔(gel)을 형성

(3) 전분의 호화에 영향을 주는 인자

① 전분의 종류

전분입자의 크기가 작고 단단한 구조를 가지고 있는 곡류 전분의 호화온도는 높은 편이고, 전분입자의 크기가 큰 감자나 고구마 등 서류에 들어 있는 전분은 호화가 낮은 온도에서 시작됨

② pH

알칼리성 pH에서는 전분입자의 팽윤과 호화가 촉진됨

③ 온도

온도가 높을수록 빨리 일어남

④ 수분

수분 함량이 적으면 호화가 지연됨

⑤ 팽윤제

전분 현탁액에 팽윤제를 첨가 하면 호화온도가 낮아지는데 황산염은 호화를 억제시킴

⑥ 당류

설탕의 농도가 높아질수록 전분의 호화가 잘 됨

4) 뜸들이기

(1) 가열시간 조절 및 경도
　① 가수량이 증가되면 취반에 소요되는 시간 증가, 밥의 경도 감소
　② 가수량이 1.5배 높아지면 두류는 잘 익고, 2.5배 높아지면 잡곡밥은 질척거림

(2) 뜸들이기
　① 쌀 표층부에 포함되어 있는 수분이 급격히 쌀의 내부로 침투
　② 수분분포의 균일화
　③ 밥의 찰기 형성
　④ 쌀의 중심부까지 호화 완료
　⑤ 뜸들이기 시간 : 쌀의 경도는 5분 정도일 때 가장 높고 15분 정도일 때 가장 낮게
　　　나타남. 15분 뜸들이기일 때 밥 냄새와 향미가 가장 좋음

5) 밥맛에 영향을 주는 요인

① 밥물 : pH 7~8
② 소금 첨가 : 0.02~0.03%
③ 밥의 수분 함량 : 60~65%의 수분 범위
④ 쌀의 수확시기 : 짧을수록 좋음(햅쌀 〉묵은쌀)
⑤ 밥 짓는 도구 : 열전도가 작고 열용량이 큰 무쇠나 돌로 만든 것
⑥ 밥 짓는 열원 : 숯불이나 장작 같이 재가 남는 것

6) 밥 조리 과정

① 온도 상승기 : 20~25%의 수분을 흡수한 쌀이 더 많은 수분을 흡수하여 팽윤.
　60~65℃에서 호화가 시작되어 70℃에서 진행되며 강한 화력에서 10~15분 정도 끓임
② 비등기 : 쌀의 팽윤이 계속되면 호화가 진행되어 점성이 높아져서 점차 움직이지 않게 됨.
　이때 내부 온도는 100℃ 정도이며, 화력은 중간 정도로 하여 5분 정도 유지
③ 증자기 : 쌀 입자가 수증기에 의해 쪄지는 상태.

이때 내부 온도는 98~100℃가 유지되도록 함

쌀 입자의 내부가 호화·팽윤하도록 화력을 약하게 해서 보온이 되도록 하고 15~20분 정도 유지

④ 뜸들이기 : 고온 중에 일정 시간 그대로 유지하게 하는 것으로 쌀알 중심부의 전분이 호화되어 맛있는 밥이 됨

3. 밥 담기

1) 돌솥밥

① 고슬고슬하게 지은 밥을 그릇에 담는다.

② 밥 위에 볶은 재료들을 색이 겹치지 않도록 돌려 담는다. 이때 밥이 보이지 않게 고명을 올린다.

③ ②번 위에 약고추장과 다시마 튀각을 올려놓는다.

④ 청포묵과 흰 지단에 고추장물이 흐르지 않도록 약고추장을 충분히 볶아서 올려놓는다.

⑤ 맑은 장국을 곁들인다.

2) 오곡밥

① 고슬고슬하게 지어진 오곡밥을 주걱을 이용하여 위 아래로 잘 섞는다.

② 골고루 섞인 오곡밥을 더울 때 그릇에 담아낸다.

3) 콩나물밥

① 밥이 완성되면 콩나물과 소고기를 주걱을 이용하여 살살 고루 섞는다.

② 그릇에 고루 섞인 콩나물밥을 예쁘게 담는다.

③ 만들어진 양념장을 따로 그릇에 담아내어 먹는 사람의 식성에 맞추어 끼얹어 비벼 먹도록 한다.

④ 콩나물밥을 지어 오래 두면 콩나물의 수분이 빠져 가늘고 질겨져서 맛이 없으므로 먹는 시간에 맞추어 밥을 짓는다.

3장 한식 죽조리

1. 죽

곡물에 6~7배 가량의 물을 붓고 오래 끓여서 호화시킨 유동식 상태의 음식으로 죽이나 곡물 이외에 채소류, 육류, 어패류 등을 넣고 끓이기도 함

2. 죽의 조리형태적 특징

① 가열시간이 길고 소화되기 좋음
② 소량의 재료로 많은 사람이 먹을 수 있음
③ 주재료는 곡물이지만 다른 어떤 재료도 죽의 소재가 될 수 있어 변화의 폭이 넓음

3. 죽의 영양 및 효능

① 죽의 열량은 100g당 30~50kcal 정도로 밥의 ¼~⅓ 정도
② 팥죽은 산모의 젖을 많이 나게 하고 해독작용이 있으며, 체내 알코올을 배설시켜 숙취를 완화하고 위장을 다스리는 데 사용
③ 찹쌀은 멥쌀보다 소화 흡수가 빠르고 위장을 보호함

4. 죽의 분류

1) 농도에 따른 분류

죽	곡물을 알곡 또는 갈아서 물을 넣고 끓여 완전히 호화시킨 것
미음	곡물을 알곡째 푹 고아 체에 거른 것
응이	곡물의 전분을 물에 풀어서 끓인 것

2) 쌀의 처리방법에 따른 분류

옹근죽	쌀알을 그대로 사용. 팥죽
원미죽	쌀을 반 정도 으깨서 사용, 장국죽
무리죽	쌀을 갈거나 쌀가루를 사용. 흑임자죽

5. 죽 재료 준비하기

1) 주재료

쌀	• 단백가 77로 밀가루 등에 비해 양질의 단백질 • 도정 시 쌀겨의 비타민 등이 대부분 제거됨
두류	• 식물성 단백질 풍부 • 종피가 단단하여 장기간 저장 가능 • 대두, 낙화생 : 고단백질(35% 내외), 팥, 완두콩 : 저단백질(20% 내외) 풋완두, 조림콩 : 야채적 성격

2) 부재료

(1) 채소류

오이	• 성분 : 비타민 A, K, C, 칼륨 함유(체내의 노폐물 배설) • 오이의 배당체 : 큐커비타신(쓴맛 성분) • 비타민 C 산화효소 : 비타민 C 파괴
양파	• 퀘세틴 : 양파 껍질 황색 색소, 지질의 산패방지, 신진대사 높여 혈액순환에 좋음
당근	• 꼬리부위 비대가 양호하고 잎은 1cm 이하로 자르고 흙과 수염뿌리를 제거한 것으로 부패되지 않은 것
도라지	• 알칼로이드 성분 : 도라지 쓴맛 • 사포닌 : 가래를 삭히고 진통, 소염작용, 기관지의 기능향진
시금치	• 수산 : 시금치 떫은맛(끓는물에 데쳐서 제거), 칼슘과 결합하여 칼슘의 흡수를 저해 • 사포닌과 식이섬유 다량 함유 : 변비예방 • 엽산 : 빈혈예방
고사리	• 잎 : 탄닌 성분 • 어린 싹 : 유리아미노산 함량 높음 • 생고사리에는 비타민 B_1을 분해하는 효소인 티아미나제가 있으므로 삶아서 제거
호박	• β-카로틴 : 부종, 고혈압, 전립선 비대에 효과 • 항산화, 항암작용, 야맹증, 안구건조증에 효과

(2) 육류

소고기	• 고기를 썬 직후에는 암적색을 나타내며, 공기 중에 노출되면 미오글로빈이 산소와 결합하여 선홍색이 되고, 시간이 오래될수록 육색은 갈색으로 변화됨
닭고기	• 고기의 맛을 형성하는 숙성은 보통 닭이 1일 정도이며, 숙성에 의하여 맛이 더 좋아지고 글루탐산 함유량도 많음

(3) 어패류

전복	• 감칠맛 : 글루탐산, 아데닐산 • 단맛 : 아르기닌, 글리신, 베타인 • 생전복 : 콜라겐과 엘라스틴과 같은 단단한 단백질이 많아서 살이 오독오독한 질감을 줌
새우	• 보리새우 : 글리신, 아르기닌, 타우린의 함량이 높아 단맛이 남. 비타민 E와 나이아신 풍부 • 자연산 대하 : 양식에 비해 수염이 2배 정도 김
참치	• 적색육 부위 : 지질이 1% 수준 • 머리와 배 부위 : 지질이 25~40% 수준으로 높음 • 철 함량 : 소고기와 유사한 수준으로 높음 • 셀레늄 : 항산화작용과 발암 억제작용

3) 죽재료 분쇄하기

(1) 분쇄의 목적

① 조직의 파괴로 유용 성분의 추출과 분리를 쉽게 함

② 일정한 입자의 형태로 만들어 이용가치와 제품의 품질 향상

③ 표면적 증가로 열 전달물질의 이동을 촉진

④ 다른 제품과의 혼합 시 균일한 제품 생산

6. 죽 조리하기

밥과 죽은 끓이는 과정은 비슷한데, 큰 차이는 물의 함량임

1) 죽 가열시간 조절

(1) 온도 상승기

20~25%의 수분을 흡수한 쌀의 입자가 온도가 상승하기 시작하면 더 많은 수분을 흡수하여 팽윤

(2) 비등기

① 내부온도 : 100℃ 정도

② 점성이 높아져 움직이지 않게 됨

(3) 증자기

① 내부온도 : 98~100℃ 유지

② 쌀입자가 수증기에 의해 쪄지는 상태

(4) 뜸들이기

① 쌀알 중심부의 전분이 호화

② 도중에 가볍게 뒤섞어 물의 응축 방지

③ 시간이 너무 길면 죽의 맛 저하

2) 죽 조리방법

① 곡물은 미리 물에 불려서 충분히 수분을 흡수시킴

② 일반적인 물의 양은 쌀 용량의 5~7배 정도가 적당

③ 죽에 넣을 물은 처음부터 한꺼번에 넣어서 끓이는 것이 좋음

④ 죽을 쑤는 냄비나 솥은 두꺼운 재질의 것이 좋음

⑤ 죽을 쑤는 동안에 너무 자주 젓지 않도록 하며, 나무주걱이 잘 삭지 않음

⑥ 불은 센 불에서 시작하여 끓기 시작하면 중불 이하에서 오래 끓임

⑦ 간장, 소금, 설탕, 꿀을 곁들여 내거나 간을 미리하면 죽이 삭으므로 간을 할 경우 약하게 함

3) 죽맛에 영향을 주는 인자

① 물의 pH : 산성이 강할수록 죽맛이 좋지 않음

② 소금 : 0.03% 정도

③ 곡물 : 수확한지 오래되지 않고 지나치게 건조되지 않은 것

④ 조리기구 : 열전도가 적고 열용량이 큰 무쇠나 돌로 만든 것

⑤ 연료 : 숯불이나 장작 같이 재가 남는 것

7. 죽상차림

① 죽, 미음, 응이 등의 유동식을 주식으로 차리는 상차림

② 간을 할 수 있는 간장, 소금, 꿀 등을 종지에 함께 담아 냄

③ 김치 : 국물이 있는 나박김치나 동치미

④ 찌개 : 젓국이나 소금으로 간을 한 맑은 찌개

⑤ 마른 찬 : 부각이나 자반 등 2~3가지

4장 한식 국·탕조리

1. 국 · 탕 재료 준비하기

1) 국, 국물, 육수의 뜻

국	• 고기, 생선, 채소 따위에 물을 많이 붓고 간을 맞추어 끓인 음식 • 밥과 함께 먹는 국물요리로 재료에 물을 붓고 간장이나 된장으로 간을 하여 끓인 것 • 맑은장국 : 소금이나 국간장으로 간을 한 것 • 된장국(토장국) : 된장으로 간을 한 것 • 곰국 : 뼈, 살코기, 내장을 푹 고아 만든 것 • 냉국 : 국물을 차게 만든 것
국물	• 국, 찌개 따위의 음식에서 건더기를 제외한 물
육수	• 육류 또는 가금류, 뼈, 건어물, 채소류, 향신채 등을 넣고 물에 충분히 끓여내어 국물로 사용하는 재료

2) 국물 양과 명칭에 따른 분류

국	• 찌개보다는 국물이 많음 • 건더기는 국물의 1/3 정도
탕	• 건더기는 국물의 1/2정도 • 고기, 생선 같은 재료에 양념을 넣어 오래 끓임
찌개	• 국보다 건더기가 많음 • 건더기는 국물의 2/3 정도
조치	• 궁중에서 찌개를 일컫는 말 • 맑은 조치는 간장으로, 토장조치는 고추장이나 된장에 쌀뜨물로 조리
감정	• 국물이 적고 고추장으로 간을 한 찌개
지짐이	• 국보다 국물을 조금 넣어 찌개 끓임
전골	• 찌개와 국물 양은 같으나 재료를 가지런히 놓고 직접 화로 등을 준비하여 즉석에서 끓임

3) 국물의 기본

(1) 쌀 씻은 물

① 쌀을 2~3번째 씻은 물 사용
② 쌀의 전분성의 농도가 국물에 진한 맛과 부드러움을 줌

(2) 멸치 또는 조개 국물

① 멸치는 머리와 내장 제거(육수 쓴맛) 후 냄비에 살짝 볶아 비린내를 제거하고 찬물을 부어
   끓임
② 국물을 내는 조개는 모시조개, 바지락처럼 크기가 작은 것이 적당하며 육수를 끓이기 전에
   소금물에 담가 해감(모시조개는 3~4%, 바지락은 0.5~1% 정도 소금 농도에서 해감)

(3) 다시마 육수

① 두껍고 검은빛을 띠는 것이 좋음
② 감칠맛 성분(글루탐산나트륨, 알긴산, 만니톨 등)을 많이 함유
③ 물에 담가 두거나 끓여서 국물로 우려내어 사용

(4) 소고기 육수

① 부위에 따라 맛, 질감, 지방 함량 등이 다양하며, 국, 전골, 편육 등에 사태, 양지머리 같이
   질긴 부위 사용
② 국이나 전골을 끓일 때에는 소고기를 물에 담가 핏물 제거 후 찬물에 고기를 넣고 센 불에
   서 끓이기 시작하고 끓기 시작하면 불을 줄여 육수가 잘 우러나도록 함
③ 육수가 우러나기 전에는 간을 하지 않음

(5) 사골 육수

① 국, 전골, 찌개 요리 등에 중심이 되는 맛을 내는 육수
② 소뼈 사용 시 단백질 성분인 콜라겐이 많은 사골을 선택하고 찬물에서 1~2시간 정도 담
   가 핏물 제거(국물이 검어지고 누린내가 날 수 있음)

4) 국의 분류

맑은장국	• 소금이나 간장으로 간을 맞춤
토장국	• 쌀뜨물에 된장이나 고추장을 씀
곰국	• 소고기의 여러 가지 부위를 고아서 소금으로 간을 함
냉국	• 끓여 식힌 냉수에 오이나 미역과 같은 날로 먹는 채소를 넣어 양념을 한 후 차게 만든 국 • 여름철 국

5) 용도에 맞는 육수의 종류

일반 육수	• 소뼈, 닭 뼈, 오리 뼈, 돼지 뼈 등의 식재료에 찬물을 부어 끓이면서 거품을 제거하고 파, 술을 넣고 약한 불로 천천히 끓임
곰탕	• 곰탕은 닭, 오리, 돼지 뼈, 돼지족발, 내장 등과 같이 고우면 국물이 뽀얗게 우러나는 식재료를 사용
맑은 육수	• 닭, 돼지고기, 소고기 등을 끓는 물에 데친 후 찬물을 부어 센 불로 끓이다가 거품을 거둬내고 파, 술을 넣고, 수시로 불의 세기를 조절하면서 끓임
채소 육수	• 당근, 콩나물, 셀러리, 무, 표고버섯을 같이 넣고 뭉근히 고아서 거름

6) 육류 골격의 명칭과 조리법

우족	• 소 4개의 발이며 앞쪽의 발을 상품으로 친다.	탕, 족편
꼬리반골	• 엉덩이 부분의 골반 뼈	탕, 육수, 스톡
꼬리	• 꼬리는 보신용으로 이용하였으며 지방과 결합조직이 많음	탕, 찜
우골	• 잡뼈라고도 하며 기본 육수로 많이 이용됨	탕, 육수, 스톡
도가니	• 소 무릎 부위의 연골조직으로 콜라겐과 인지질이 많음	탕, 찜
사골	• 4개의 다리뼈라고 해서 사골이라 함	탕, 육수

※ 출처: 손정우 · 송태희 · 신승미 외(2007). 『조리과학』. ㈜교문사. p.227.

2. 국·탕 조리하기

1) 재료의 특성

사골	• 소의 네 다리뼈(소 1마리 8개) • 단면적이 유백색이고 골밀도가 치밀한 것이 좋음 　(앞사골 〉 뒷사골, 건강한 수소 〉 암소, 젊은소 〉 늙은소) • 골화진행이 적은 사골 이용 : 단면에 붉은색 얼룩이 선명. 국물 색깔이 뽀얗고 단백질, 콜라 　겐, 콘드로이치황산과 무기질인 칼슘, 나트륨, 인, 마그네슘 함량이 높음
양지머리	• 제1목뼈에서 제7갈비뼈 사이의 양지 부위 근육들 • 운동량이 많은 근육으로 지방이 거의 없고 질김 • 육단백질의 향미가 강함 • 근섬유 다발이 굵고 결대로 잘 찢어지기 때문에 다양한 요리에 이용 • 오랜 시간에 걸쳐 끓이는 요리에 이용
사태	• 다리뼈를 감싸고 있는 정강이 근육 • 뒤사태에서 아롱사태와 뭉치사태가 분할 • 운동량이 많아 육색이 짙고 근막이나 힘줄과 같은 결체조직의 함량이 높으며, 고기의 결이 거친 편 • 육색은 짙은 담적색, 근 내 지방 함량이 적고 근섬유들이 다발을 이루고 있어 특유의 담백하고 　쫄깃한 맛 • 국, 찌개, 찜, 불고기 등에 이용

2) 육수 끓이는 방법

(1) 통

① 두께가 두꺼운 냄비 사용

② 냄비의 둘레보다 높이가 있는 깊숙한 것이 증발량이 적고 온도를 일정하게 유지하기 좋음

③ 스테인리스는 국물이 잘 우려지지 않으므로 좋지 않음

(2) 온도

① 물이 끓을 때 핏물 제거한 고기를 넣으면 국물이 깨끗함

② 처음에 센 불에서 끓이기 시작하면서 그 다음 서서히 끓임

(3) 끓이는 시간

① 고기도 사용하고 맑은 육수를 위해서는 끓기 시작한지 2시간이 적당

② 고기를 사용하지 않고 국물이 목적이라면 3시간이 적당

3) 부재료

대파뿌리	• 잡냄새 제거 • 씻어서 건조 후 저장하면서 사용
대파	• 휘발성 함황 성분이 육류의 누린내와 생선의 비린내 제거
마늘	• 닭고기, 돼지고기, 소고기 육수에 사용 • 알리신, 디알리디설파이드 : 마늘의 냄새 성분. 고기 누린내 제거. 소화에 도움
양파	• 고기의 육질을 부드럽게 하고 잡내를 제거 • 가열 시 프로필메르캅탄 생성으로 단맛을 냄
무	• 디아스타제 : 전분의 분해효소 • 에스테라제 : 단백질 분해효소 • 어패류와 함께 먹으면 비린내와 독성을 풀어줌
표고버섯	• 비타민 D의 전구체인 에르고스테롤을 많이 함유하고 있음 • 감칠맛 : 구아닐산 • 향 : 렌티오닌
통후추	• 육류의 잡내 제거 • 성분 : 피페린, 차비신, 정유 등 • 검은후추 : 성숙 전 열매를 건조시킨 것. 맛과 향이 강함 • 흰후추 : 성숙한 열매의 껍질을 벗겨서 건조시킨 것
고추씨	• 국물에 소량첨가 시 개운한 맛을 줌

4) 계절별 국의 종류

봄	• 쑥국, 생선맑은장국, 생고사리국 등의 맑은 장국 • 냉이 토장국, 소루쟁이 토장국 등 봄나물로 끓인 국
여름	• 미역냉국, 오이냉국, 깻국 등의 냉국류 • 보양을 위한 육개장, 영계백숙, 삼계탕 등의 곰국류
가을	• 무국, 토란국, 버섯맑은장국 등의 맑은 장국류
겨울	• 시금치토장국, 우거짓국, 선짓국, 꼬리탕 등 곰국류나 토장국

5) 국 양념장 제조

육수 우려내어 냉각	육수에 고추장, 된장, 간장 혼합 후 상온에서 냉각	
부재료 양념 첨가	냉각된 혼합액에 분쇄한 마늘, 생강, 고춧가루 혼합	
숙성	1차 숙성	상온에서 2~4일
	2차 숙성	8~12℃ 정도 더 낮은 온도에서 5~10일

6) 국, 탕 그릇

탕기	• 국을 담는 그릇으로 주발과 같은 모양
대접	• 국이나 숭늉을 담는 그릇
뚝배기	• 오지로 구운 것으로 상에 오를 수 있는 유일한 토기 • 설렁탕, 장국밥 등을 담음
질그릇	• 잿물을 입히지 않고 진흙만으로 구워 만든 그릇 • 겉면에 윤기가 없음
오지그릇	• 붉은 진흙으로 만들어 구운 후 오짓물을 입혀 다시 구운 질그릇 • 광택이 적고 섬세하지 못함
유기그릇	• 놋쇠로 만들어 보온, 보냉, 항균효과가 있음

5장 한식 찌개조리

1. 찌개의 특징

① 궁중용어로 조치라고 하며, 국물을 많이 하는 것을 지짐, 고추장으로 조미한 찌개는 감정 이라고 함

② 국보다 국물이 적고 건더기가 많은 음식

③ 찌개, 전골, 조치, 감정은 국물 양이 비슷하여 현대에 와서는 통상적으로 찌개 개념으로 인 지함

④ 찌개는 센 불에서 끓이다가 국물이 끓으면 약하게 하여 끓임

1) 국과 찌개의 차이점

국	찌개
국물위주	건더기 위주
국물 : 건더기 = 6 : 4 또는 7 : 3	국물 : 건더기 = 4 : 6
각자의 그릇에 분배	같은 그릇에서 덜어서 사용

2) 끓이기의 장점

① 영양소 손실이 적음

② 조직의 연화

③ 전분의 호화

④ 단백질의 응고

⑤ 콜라겐의 젤라틴화

⑥ 소화흡수를 도움

2. 찌개 재료 준비하기

1) 재료의 특징

소고기	• 찌개나 전골은 오랫동안 끓이는 조리법으로 결합조직이 많은 사태나 양지머리 선택
생선	• 생선전이나 어선 : 지방이 적고(5% 이하) 담백한 흰살생선 • 구이나 조림 : 지방이 많은(5~20%) 붉은살 생선 • 비린내 성분 : 트리메틸아민, 피페리딘

2) 육수 재료의 전처리

소고기, 소뼈	• 찬물에 담가 핏물을 제거함
닭고기	• 내장을 제거한 후 끓는물에 데치기
곱창	• 기름기를 제거하고 얇은 막을 제거한 후 소금으로 주물러 씻기
어패류 및 해조류	• 생선 : 씻은 후 비늘을 제거하고 아가미와 내장을 제거
	• 조개 : 살아있는 것 구입 후 3~4%의 소금물에 해감
	• 낙지 : 머리에 칼집을 내고 내장과 먹물을 제거한 후 굵은소금과 밀가루로 주물러 씻음
	• 게 : 솔로 닦은 후 삼각형의 딱지를 떼어내고 몸통과 등딱지를 분리하여 몸통에 붙은 모래 주머니와 아가미 제거
	• 새우 : 몸통의 껍질만 벗기고 꼬리 쪽의 마지막 껍질을 남겨둠
	• 다시마 : 찬물에 담가두거나 끓여서 감칠맛 성분을 우려냄

3) 찌개 육수의 역할

소고기 육수	• 찌개의 기본맛을 결정
닭고기 육수	• 찌개의 깔끔한 맛을 결정
멸치-다시마 육수	• 찌개의 감칠맛을 결정
조개류 육수	• 찌개의 시원한 맛을 결정

3. 찌개 조리하기

1) 찌개의 종류

명란젓국찌개	• 명란젓과 두부, 무, 파 등을 한데 넣어 새우젓국으로 간을 한 담백한 맛의 찌개
된장찌개	• 멸치나 소고기 장국에 두부, 채소, 소고기 등 여러 가지 재료를 함께 넣고 된장으로 간을 한 국물이 넉넉한 찌개
생선찌개	• 고추장과 고춧가루로 맛을 내며 흰살생선을 사용한 찌개
순두부찌개	• 연한 순두부를 이용하여 매운맛을 낸 찌개
청국장찌개	• 청국장을 장국에 풀어 두부와 김치 등을 넣고 끓인 찌개

4. 찌개 담기

찌개그릇	**냄비**	• 솥에 비해 운두가 낮고 손잡이는 고정되어 있으며, 바닥이 평평한 것
	뚝배기	• 토속적인 그릇으로 찌개를 끓이거나 조림에 쓰임
	오지남비	• 솥 모양으로 찌개나 지짐이를 끓이거나 조림할 때 사용
식기	**조치보**	• 주발과 같은 모양으로 탕기보다 한 칫수 작은 크기

6장 한식 전·적조리

1. 전

① 육류, 가금류, 채소류, 어패류 등을 지지기 좋은 크기로 하여 양념한 후 밀가루와 달걀물을 입혀서 팬에 지진 것
② 우리나라 음식 중에서 기름을 가장 많이 섭취할 수 있는 조리방법
③ 지짐 : 재료들을 밀가루 푼 것에 섞어서 직접 기름에 지져내는 조리방법(예 : 파전, 빈대떡 등)

2. 적

① 재료를 꼬치에 꿰어서 불에 굽는 조리방법
② 적의 명칭은 처음 꿰는 재료를 따르므로, 꼬치에 처음 꿰인 재료와 마지막 재료가 같아야 함

1) 종류

구분	특징	종류
산적	• 익히지 않은 재료를 양념하여 꼬챙이에 꿰어 굽거나, 살코기 편이나 섭산적처럼 다진 고기를 반대기지어 석쇠로 굽는 것	소고기산적, 섭산적, 장산적, 생치산적, 어산적, 해물산적, 두릅산적, 떡산적 등
누름적	• 재료를 양념하여 익히지 않고 꼬치에 꿰어서 밀가루, 달걀물을 입혀 번철에 지져 익히는 것	김치적, 두릅적, 잡누름적, 지짐누름적
	• 재료를 양념하여 익힌 다음 꼬치에 꿰는 것	화양적

3. 전류 조리의 특징

① 재료의 제약을 받지 않고 여러 가지 재료를 사용하여 만들 수 있음
② 달걀이나 곡물에 씌워 기름에 지지는 조리방법으로 영양소 상호보완 작용을 함
③ 모듬전으로 다양하게 만들 수 있고 전골이나 신선로에 넣어서도 사용
④ 생선요리 시 어취 해소에 좋은 조리법

4. 전·적 재료 준비하기

1) 전·적 조리도구

프라이팬	• 가볍고 코팅이 쉽게 벗겨지지 않는 것 • 금속조리기구 등을 함께 사용하지 않도록 함 • 사용 후 바로 세척하여 기름때가 눌러붙지 않도록 함
번철	• 그리들(griddle)은 두께가 10mm 정도의 철판으로 만들어진 것으로서 철판 볶음 요리, 달걀 부침, 전 등을 대량으로 조리할 때 주로 사용 • 사용하기 전에 항상 미리 예열 필요
석쇠	• 사용하기 전 반드시 예열을 하여 기름을 바른 후에 식품을 올려 사용해야 석쇠에 식품이 달라붙지 않음

2) 전·적 재료

(1) 주재료

육류	• 소고기는 적색, 돼지고기는 선홍색 선택 • 지방은 담황색으로 탄력이 있고 이취가 없는 것
가금류	• 신선한 광택이 있고 이취가 없으며 특유의 향취가 있는 것
어패류	• 어류는 눈이 불룩하며 눈알이 선명하고 단단한 것 • 패류는 산란기인 봄철보다는 겨울철이 좋고 하루 전에 구입하여 사용
채소류	• 병충해, 외상, 부패, 발아 등이 없는 것
버섯류	• 봉오리가 활짝 피지 않고 줄기가 단단한 것

(2) 부재료

밀가루	• 글루텐 함량에 따라 강력분, 중력분, 박력분으로 구분 • 강력분 : 글루텐 13% 이상. 점탄성이 큼. 빵, 마카로니 등 • 중력분 : 글루텐 10~13%. 다목적으로 사용 • 박력분 : 글루텐 10% 이하. 케이크, 쿠키 등
유지류	• 옥수수유, 대두유, 포도씨유 등 발연점이 높은 기름 사용
달걀	• 표면이 거칠고 광택이 없는 것 • 난황 부위가 농후하고 흔들리지 않는 것
양념류	• 구입 시 반드시 유효기간을 확인하며 이취가 없는 것

3) 전처리 재료의 장점과 단점

장점	• 조리시간의 단축 • 인력부족에 대한 대책안 • 음식물 쓰레기 처리의 용이성과 비용절감 • 음식재료 재고관리의 편리성 • 작업공정의 편리성
단점	• 화학적 물질의 유입 가능성 있음 • 소독제 사용 시 잔류물이 남을 가능성 있음 • 생물학적 위해요소 발생가능성 있음

4) 전·적 재료 전처리

① 육류, 해산물 : 익힌 후 재료가 줄어듦. 다른 재료보다 길게 자름

② 육류, 어패류 : 익힐 때 형태 유지를 위해 잔칼집 넣기

5. 전 · 적 조리하기

1) 전을 반죽할 때 재료 선택 방법

• 밀가루, 멥쌀가루, 찹쌀가루를 사용해야 하는 경우	• 반죽이 너무 묽어서 전의 모양이 형성되지 않고 뒤집기에 어려움이 있을 때는 달걀을 넣는 것을 줄이고 밀가루나 쌀가루를 추가로 사용
• 달걀흰자와 전분을 사용해야 하는 경우	• 전을 도톰하게 만들 때, 딱딱하지 않고 부드럽게 하고자 할 경우, 흰색을 유지하고자 할 때 사용
• 달걀과 밀가루, 멥쌀가루, 찹쌀가루를 혼합하여 사용해야 하는 경우	• 전의 모양을 형성하기도 하고 점성을 높이고자 할 때 사용
• 속재료를 더 넣어야 하는 경우	• 속재료 부족으로 전이 넓게 처지게 될 때 사용

2) 전류의 재료보관 방법

① 중간 냉동(sub freezing)된 상태에서 썰기해야 함

② 썰어 놓은 전은 서로 붙지 않게 해야 함

③ 다지거나 갈아낸 재료는 투명한 비닐봉지에 담아 냉동

④ 소로 사용될 재료 중 야채는 구분하여 냉장 보관

3) 전류 조리 시 주의할 점

① 신선한 재료를 선택

② 크기는 항상 한입 크기 정도로 빚거나 적당히 썰어서 냄

③ 전을 지질 때에는 달궈진 팬에 재료를 올려 기름 흡수가 적게 함

④ 발연점이 높은 기름을 사용(콩기름, 옥수수기름 등)

⑤ 불의 세기는 처음에 재료를 올리기 전에는 센 불로 달구고 재료를 얹을 때부터는 중간
  보다 약하게 하여 속까지 익도록 함

⑥ 소금간은 2%가 적당하나 간을 약하게 하고 초간장을 곁들여 냄(달걀에 소금간이 짜면 전
  옷이 벗겨짐)

⑦ 밀가루는 재료의 5% 정도 사용(물기가 없어질 정도로 살짝 묻힐 것)

⑧ 달걀 푼 것에 소금간을 할 때 너무 짜면 옷이 벗겨지므로 주의

⑨ 곡류전은 기름을 넉넉히 두르고, 육류, 생선,채소전은 기름을 적게 사용

⑩ 전 재료는 한꺼번에 올리고 한꺼번에 내려 교차오염방지

⑪ 부쳐진 전은 키친타월 위에 올려 기름을 일부 제거

6. 전 · 적 담기

① 색, 모양, 재료의 크기와 양을 고려하여 선택

② 도자기, 스테인리스, 유리, 목기, 대나무 채반 등 사용가능

③ 색은 요리의 색과 배색이 되는 것을 선택

④ 모양은 넓고 평평한 접시 형태로 선택(오목한 접시는 물방울이 맺히거나 증기가 음식 안에
  침투할 수 있음)

7장 한식 생채·회조리

1. 생채 · 회 · 숙회의 정의

생채	• 제철 식재료를 익히지 않고 생으로 무친 나물 • 재료 본연의 맛을 살리며, 초장, 초고추장, 겨자, 식초 등을 이용하여 맛을 냄 • 조리과정에서 영양소 손실이 거의 없음 • 주재료는 대부분 채소류를 사용하고, 부재료로 소고기, 해산물, 해파리, 조개 등을 사용하기도 함
회	• 육류, 어패류, 채소류를 썰어서 날로 먹는 음식으로 초간장, 소금, 기름에 찍어 먹는 조리법
숙회	• 육류, 어패류, 채소류 등을 삶거나 데친 후 초고추장이나 겨자즙 등을 찍어 먹는 조리법

2. 생채 · 회 재료 준비하기

1) 채소의 이용 부위에 따른 분류

분류		가식부위	종류
잎줄기채소 (엽채류)	**잎채소**	지상부의 줄기나 잎	배추, 양상추, 상추, 시금치, 미나리, 쑥갓, 갓, 케일, 샐러리, 파슬리, 양상추
	줄기채소	지하줄기에서 나온 싹이나 잎	파, 부추, 죽순, 아스파라거스
뿌리채소		지하에 양분을 저장한 뿌리	무, 당근, 순무, 마늘, 양파, 생강, 도라지, 더덕, 우엉, 연근, 비트, 콜라비
열매채소		열매	고추, 오이, 가지, 호박, 토마토, 피망, 참외, 딸기, 수박
꽃채소		꽃봉오리, 꽃잎, 꽃받침	브로컬리, 콜리플라워, 아티초크

출처: 윤서석·윤숙경·조후종 외(2015), 『한국음식문화』, (주)교문사, p.267.

2) 채소류의 신선도 선별방법

오이	• 표면에 울퉁불퉁한 돌기가 있고 가시를 만져보아 아픈 것 • 꼭지가 마르지 않고 색깔이 선명하며 시든 꽃이 붙어 있는 것 • 육질이 단단하면서 연하고 속씨가 적은 것 • 수분 함량이 많아서 시원한 맛이 강하며 굵기가 일정한 것 • 오이 쓴맛 성분 : 쿠쿠르비타신(큐커비타신)
호박	• 애호박 : 옅은 녹색으로 길이가 짧고 굵기가 일정하며 단단한 것 • 쥬키니호박 : 약간 각이 있고 색이 짙으며 굵기가 일정한 것 • 늙은호박 : 짙은 황색으로 표피에 흠이 없는 것 • 단호박 : 껍질의 색이 진한 녹색을 띠며 무겁고 단단한 것
가지	• 흑자색이 선명하고 광택이 있으며 상처가 없는 것 • 구부러지지 않고 바른 모양인것 • 표면에 주름이 없고 탄력이 있는것
고추	• 색이 짙고 윤기가 있으며 꼭지가 시들지 않고 탄력이 있는 것
당근	• 머리부분은 검은 테두리가 작고 가운데 심이 없으며 꼬리 부분이 통통한 것 • 선홍색이 선명하고 표면이 고르고 매끈하며 단단하고 곧은 것
토마토	• 단단하고 무거운 느낌이 있는것 • 표면에 갈라짐이 없고 꼭지 절단 부위가 싱싱하고 껍질은 탄력적인 것 • 붉은빛이 너무 강하지 않고 미숙으로 인한 푸른빛이 적은 것
무	• 조선무 : 흠이 없고 육질이 단단하며 치밀한 것 • 무청이 푸른빛을 띠며, 잘랐을 때 바람이 들지 않고 속살이 단단한 것 • 동치미무 : 조선무보다 크기가 작고 동그랗게 생긴 것 • 알타리무 : 무 허리가 잘록하고 너무 크지 않으며, 무 잎이 억세지 않은 것
배추	• 줄기의 흰 부분을 눌렀을 때 단단하고 수분이 많아 싱싱한 것 • 잎의 두께가 얇고 잎맥도 얇아 부드러운 것 • 잘랐을 때 속이 꽉 차 있고 심이 적은 것 • 잎에 반점이 없고 뿌리부분에 검은 테가 없는 것
도라지	• 색이 하얗고 뿌리가 곧고 굵으며 잔뿌리가 거의 없는 것
미나리	• 줄기가 매끄럽고 너무 굵거나 가늘지 않으며 질기지 않은 것 • 잎은 신선하고 줄기를 부러뜨렸을 때 쉽게 부러지는 것
시금치	• 잎이 두텁고 선명한 녹색으로 윤기가 나며 뿌리는 붉은색이 선명한 것
우엉	• 바람이 들지 않고 육질이 부드러우며 외피와 내피 사이에 섬유질의 심이 없고 이물질의 혼입이 없는 것

연근	• 손으로 부러뜨렸을 때 잘 부러지고 진득한 액이 있으며 몸통이 굵게 곧고 겉표면이 깨끗한 것
깻잎	• 짙은 녹색을 띠고 크기가 일정하며 싱싱하고 향이 뛰어난 것
고사리	• 건조상태가 좋으며 이물질이 없는 것 • 줄기가 연하고 삶은 것은 대가 통통하고 불렸을 때 퍼지지 않으며 모양을 유지하는 것

3. 생채·회 조리하기

1) 생채·회 특징

① 물이 생기지 않도록 조리순서에 주의

② 양념이 잘 배이도록 고추장이나 고춧가루로 미리 버무려 둠

③ 재료 본연의 맛을 위해 기름을 사용하지 않음

2) 생채·회 조리별 분류

분류		조리
생채류		무생채, 도라지생채, 오이생채, 더덕생채, 해파리냉채, 파래무침, 실파무침, 상추생채, 배추, 미나리, 산나물
회류	생것(생회)	육회, 생선회
	익힌 회(숙회)	문어숙회, 오징어숙회, 낙지숙회, 새우숙회, 미나리강회, 파강회, 오채, 두릅회
기타 채류		잡채, 원산잡채, 탕평채, 겨자채, 원과채, 죽순채, 대하잣즙채, 해파리냉채, 콩나물잡채, 구절판

출처: 윤서석·윤숙경·조후종 외(2015). 『한국음식문화』. (주)교문사, p.259.

3) 채소류 등 한식재료 기본 썰기

(1) 통 썰기

모양이 둥근 오이, 당근, 연근 등을 통으로 써는 방법으로 두께는 재료와 요리에 따라 다르게 조절하며 일반적으로 조림, 국, 절임 등에 이용한다.

(2) 반달 썰기

무, 고구마, 감자 등 통으로 썰기에 너무 큰 재료들을 길이로 반을 가른 후 반달 모양으로 썰고 찜에 주로 이용한다.

(3) 은행잎 썰기

재료를 길게 십자로 4등분으로 자르고 은행잎 모양으로 썰어 준다. 감자나 무, 당근 등을 자르고 조림이나 찌개, 찜에 주로 이용한다.

(4) 어슷 썰기

가늘고 긴 재료를 자를 때 이용하는데 오이, 파 등을 적당한 두께로 어슷 썰어 찌개나 조림 등에 이용한다.

(5) 나박 썰기, 골패 썰기

무, 당근 등을 정사각형으로 납작하게 써는 것은 나박 썰기, 직사각형으로 납작하게 써는 것은 골패 썰기이다. 찌개나, 무침, 조림, 볶음, 물김치에 이용한다.

(6) 깍둑 썰기

무, 감자, 두부 등을 정육면체로 썬 것으로 깍두기, 조림, 찌개 등에 이용한다.

(7) 채 썰기

무, 당근, 오이, 감자, 호박 등을 가늘게 썬 것으로 생채나 구절판, 생선회 등에 곁들이는 채소를 썰 때 이용한다.

(8) 다져 썰기

채 썬 것을 가지런히 모아서 다시 잘게 써는 방법으로 크기는 일정하게 썰고 파, 마늘, 생강, 양파 등 양념을 만드는 데 주로 쓰인다.

(9) 막대 썰기

무, 오이 등을 토막으로 썬 다음 알맞은 굵기의 막대 모양으로 써는 방법으로 무, 오이장과의 조리에 이용한다.

8장 한식 조림·초조리

1. 조림의 특징

① 재료에 간장 등으로 간을 하여 약한 불에서 국물이 없도록 오래 조린 음식

② 밥상에 오르는 일상의 찬으로 궁중에서는 '조리개'라 부름

③ 재료에 간이 충분히 스며들도록 약한 불에서 오래 익혀 만든 음식

④ 다른 조리법에 비해 간이 세기 때문에 저장성이 높음

⑤ 생선조림 시 흰살 생선은 주로 간장, 붉은살 생선이나, 비린내가 나는 생선은 고춧가루나
   고추장을 넣어 조림

⑥ 재료를 큼직하게 썬 다음 간을 하고 센 불에서 중불, 그 다음 약불로 오래 익힘

2. 초의 특징

① 초의 원래 뜻은 '볶는다'이며, 국물이 없도록 조린 음식을 말함

② 국물에 녹말물을 풀어 윤기나게 만들기도 함

③ 전복초, 홍합초, 삼합초, 해삼초 등

3. 조림 · 초 재료 준비하기

1) 장조림 재료

(1) 주재료

소	사태	• 앞, 뒷다리 사골을 감싸고 있는 부위로, 운동량이 많아 색상이 진한 반면 근육 다발이 모여 있어 특유의 쫄깃한 맛을 냄 • 장시간 물에 넣어 가열하면 연해짐 • 기름기가 없어 담백하면서도 깊은 맛이 남 • 소 분할 명칭 : 앞사태, 뒷사태, 뭉치사태, 아롱사태, 상박살
	우둔살	• 지방이 적고 살코기가 많음 • 고기의 결이 약간 굵으나 근육막이 적어 연함 • 홍두깨살은 결이 거칠고 단단함 • 소 분할 명칭 : 우둔살, 홍두깨살
닭	가슴살	• 지방이 매우 적어 맛이 담백하고 근육섬유로만 되어 있음 • 회복기 환자 및 어린이 영양 간식에 적합 • 칼로리 섭취를 줄이고도 영양균형을 이룰 수 있음 • 닭 분할 명칭 : 안심살
돼지	뒷다리	• 볼기 부위의 고기로서 살집이 두터우며 지방이 적음 • 돼지 분할 명칭 : 뒷다리

(2) 부재료

장조림을 만들 때 비타민 C를 제외한 각종 영양소가 골고루 들어 있는 메추리알과 비타민 C가 풍부한 꽈리고추를 넣으면 영양적으로 좋음

메추리알	• 꿩과의 작은 새의 알 • 우리나라에서 달걀 다음으로 이용됨 • 달걀과 비교하여 작고 무게는 10~12g • 난각에 반점이 있고 난각부의 비율은 8% • 영양성분은 달걀과 거의 같음 • 비타민 A, B_1, B_2가 풍부하며 맛이 좋음 • 삶았을 때 껍질부가 잘 벗겨짐 • 선별 : 껍질이 깨끗하고 금이 가지 않은 것, 윤기가 있고 반점이 크며 껍질이 거칠고 크기에 비해 무게가 있는 것, 삶은 후 공기집이 없어 양끝이 둥그런 것 • 품온측정 : 10~15℃가 적당
꽈리고추	• 풋고추에 속하지만 일반 고추와는 달리 표면이 꽈리처럼 쭈글쭈글하고 크기가 작은 편 • 선별 : 모양이 곧고 탄력이 있는 것 • 적정 저장온도 : 5~7℃

2) 홍합초 재료

홍합	• 색이 홍색이어서 홍합 또는 담채라 함 • 살이 붉은 것은 암컷, 흰 것은 수컷 • 단백질, 지질, 비타민이 풍부하고, 비타민 A가 소고기보다 10배 많음 • 노화방지에 탁월하고 유해산소를 제거하는 데 도움 • 타우린 풍부; 콜레스테롤 수치를 낮추고 간기능을 좋게 해줌 • 단백질이 일부 분해되어 아미노산이 되면서 맛이 좋아지고 소화흡수가 잘됨

3) 재료의 전처리

소고기	• 일정한 크기로 잘라 찬물에 담근 후 두세 번 물을 갈아주면서 1시간 정도 핏물 빼기를 함 • 끓는물에서 대파, 양파, 마늘 및 통후추와 함께 초벌 삶기 함 • 식힌 후 결대로 찢음 • 육수는 체망에 걸러 기름을 제거함
메추리알	• 소금을 약간 넣고 중간 중간 저어주면서 삶음 • 찬물로 완전히 헹군 후 껍질 제거 • 찬물보다는 소금 넣고 물의 온도가 올라갈 때 삶으면 알이 덜 깨지고 껍질제거가 잘됨. 너무 오래 삶으면 녹변현상이 일어나므로 주의
꽈리고추	• 포크로 구멍을 내면 양념장이 배여 고추에 간이 잘 듬
홍합	• 수염같이 생긴 털을 가위로 제거 • 껍질은 솔로 깨끗이 닦은 후 소금물에 살살 흔들어 씻음 • 물에 소금을 넣고 통통하게 살짝만 데치며, 씻지 않고 그대로 물기 제거

4. 조림 · 초 조리하기

1) 조림 양념장 제조

조림을 할 때 강한 불로 끓이기 시작하여 끓기 직전에 중불 이하로 줄이고 거품을 걷어내는 것이 조림의 맛을 결정하는 데 중요(처음에는 센 불, 그다음 중불, 약불로 사용)

(1) 동양의 양념장과 서양의 소스

공통점	차이점
조미료, 향신채, 기름 등을 조화시켜 재료의 맛을 이끌어내고 아름다운 모양과 색으로 식욕을 돋우는 역할	양념장은 경험에 기초해 조화된 새로운 맛을 만들며 소스는 레시피에 근거하여 재료 본연의 맛을 살림

(2) 맛의 종류와 식품재료

맛의 종류	식품재료
짠맛의 재료	소금, 죽염, 간장, 고추장, 된장 등
단맛의 재료	꿀, 설탕, 물엿, 조청, 올리고당, 과일청 등
신맛의 재료	식초, 감귤류, 매실, 레몬 등
쓴맛의 재료	생강
매운맛의 재료	고추, 겨자, 산초, 후추, 생강 등

출처: 농촌진흥청 국립농업과학원 기술지원팀(2014). 『한식양념장으로 간편하게 조리하기』. 농촌진흥청.

2) 초 양념장 제조

(1) 초의 종류

전복초	전복을 삶아 칼집을 내어 양념한 뒤에 소고기와 함께 조린 음식
홍합초	홍합을 데쳐 소고기와 함께 양념하여 조린 음식
삼합초	홍합, 전복, 해삼 양념한 소고기를 모두 합쳐 조린 음식

3) 조림 조리기구

조림을 할 때 작은 냄비보다는 큰 냄비를 사용하여 바닥에 닿는 면이 넓어야 재료가 균일하게 익으며 조림장이 골고루 배어들어 조림의 맛이 좋아짐

4) 조림 조리 시 유의사항

① 불 조절은 센 불에서 시작하여 중불, 약불 순으로 하며 거품을 걷어내는 것이 조림의 맛을 결정하는 데 중요함

② 생선은 조림장이 끓은 뒤 넣어야 생선이 부서지지 않고, 센 불에서 생선 비린내를 휘발시
   킨 후 뚜껑을 덮고 80% 정도 익힘
③ 고기는 끓는물에 넣어 육즙이 나오는 것을 막아 고기를 부드럽게 할 것(단백질 응고작용)

5) 초 조리 시 유의사항

① 재료의 크기와 모양을 일정하게 해야 함
② 양념을 적게 써야 식재료 본연의 맛을 살릴 수 있음
③ 삶거나 데치는 시간에 유의하고, 익힌 후 재빨리 찬물에 식혀야 색을 선명하게 유지함
④ 초 조리 단계는 센 불에서 중불, 약불 순으로 해야 함
⑤ 남은 국물은 10% 이내로 하여 간이 세지 않도록 해야 함
⑥ 조미료는 설탕 → 소금 → 간장 → 식초 순으로 넣을 것

6) 장조림 조리

① 고기를 삶을 때 파잎이나 양파 첨가 시 고기의 누린내 제거
② 냉장고 보관 시 국물과 건더기를 함께 담아 보관
③ 장시간 보관 시 상하기 부재료는 상하기 쉬우므로 소고기만 사용
④ 장조림 당도는 30Brix 정도, 염도는 평균 5% 정도
⑤ 꽈리고추는 나중에 살짝 넣어 졸여야 색이 유지됨

7) 홍합초 조리

① 말린 홍합은 물에 30분 정도 불린 후 끓는물에 살짝 데쳐서 사용하면 쫄깃한 맛을 낼 수
   있음
② 냉동홍합은 물에 씻어 바로 사용
③ 홍합은 익히는 과정에서 물이 생기므로 오래 끓이지 않음
④ 파, 마늘, 생강은 모양이 흐트러지지 않고 무르지 않도록 중간 이후 투입
⑤ 홍합은 중불에서 양념장을 끼얹어가며 은근히 조려야 딱딱하지 않고 색이 곱고 윤기가 남

9장 한식 구이조리

1. 구이조리

① 가장 오래된 조리법의 하나
② 식재료를 그대로 또는 소금이나 양념을 하여 불에 직접 굽거나 철판 및 도구를 이용하여 구워 익힌 음식
③ 직접 불에 굽는 직화법과 철판 및 도구를 이용하는 간접화법으로 분류
④ 건열조리법

2. 구이조리의 방법

직접조리방법 브로일링(broiling)	간접조리방법 그릴링(grilling)
• 위에서 복사열을 내려 직화로 식품을 조리하는 방법 • 복사에너지와 대류에너지로 구성된 열을 직접 가하여 굽는 방법 • 열원과 식품과의 거리 8~10cm	• 석쇠 아래에 열원이 위치하여 전도열로 구이를 진행하는 방법 • 석쇠가 아주 뜨거워야 고기가 잘 달라붙지 않음

3. 구이 재료 준비하기

육류	갈비구이, 너비아니구이, 방자(소금)구이, 양지머리편육구이, 장포육, 염통구이, 콩팥구이, 제육구이, 양갈비구이 등
가금류	닭구이, 생치(꿩)구이, 메추라기구이, 오리구이 등
어패류	갈치구이, 도미구이, 민어구이, 병어구이, 북어구이, 삼치구이, 청어구이, 장어구이, 잉어구이, 낙지호록, 오징어구이, 대합구이, 키조개구이 등
채소류 및 기타	더덕구이, 송이구이, 표고구이, 가지구이, 김구이 등

출처: 조미자·김현오·이미경 외(2011). 『고급한국음식』. 교문사. p.307.

1) 육류

(1) 쇠고기

대분할 부위 명칭	소분할 부위 명칭 및 특징	용도
안심	**안심살** 등심 안쪽에 위치한 부위로 가장 연하며, 고깃결이 곱고 지방이 적어 담백하다. 얼룩지방과 근막이 형성되어 있는 최상급 고기이다	스테이크, 로스구이
등심	**윗등심살, 아랫등심살, 꽃등심살, 살치살** 갈비 위쪽에 붙은 살로 육질이 곱고 연하며 지방이 적당히 섞여 있어 맛이 좋다. 결 조직이 그물망 형태로 연하여 풍미가 좋다.	스테이크, 불고기, 주물럭
채끝	**채끝살** 등심과 이어진 부위의 안심을 에워싸고 있고, 육질이 연하고 지방이 적당히 섞여 있다.	스테이크, 로스구이 샤브샤브, 불고기
목심	**목심살** 운동량이 많기 때문에 지방이 적고 결합조직이 많아 육질이 질기며 젤라틴이 풍부하다.	구이, 불고기
앞다리	**꾸리살, 갈비덧살, 부채살, 앞다리살, 부채 덮개살** 결합 조직이 많아 약간 질기나, 구이로도 먹을 수 있다. 설도, 사태와 비슷한 특징이 있다.	육회, 탕, 스튜, 장조림, 불고기
우둔	**우둔살, 홍두깨살** 지방이 적고 살코기가 많다. 다리살의 바깥쪽 부위로 살결이 거칠고 약간 질기나 지방 및 근육막이 적은 살코기로 맛이 좋고 젤라틴이 풍부하다.	산적, 장조림, 육포, 육회, 불고기
설도	**보섭살, 설깃살 도가니살, 설깃머리살, 삼각살** 앞다리, 사태와 비슷한 특징이 있다.	육회, 산적, 장조림, 육포
양지	**양지머리, 업진살, 차돌박이, 치맛살, 치마양지, 앞치맛살** 어깨 안쪽 살부터 복부 아래까지 부위로 육질이 질기고 근막이 형성되어 있다. 오랜 시간에 걸쳐 끓이는 조리를 하면 맛이 좋다. 업진육은 옆구리 늑골을 감싸고 있는 부위로 근육조직과 지방조직이 교대로 층을 이루고 치맛살은 섬유질이 길게 발달되어 있다.	국거리, 찜, 탕, 장조림, 분쇄육
사태	**아롱사태, 앞사태, 뒷사태, 뭉치사태, 상박살·다리오금에 붙은 고기로** 결합조직이 많아 질긴 부위이다. 콜라겐이나 엘라스틴 등이 질기지만 가열하면 젤라틴이 되어 부드러워진다. ·기름기가 없어 담백하면서 깊은 맛을 낸다.	육회, 탕, 찜, 수육, 장조림
갈비	**마구리, 토시살, 안창살, 제비추리, 불갈비, 꽃갈비, 갈비살** 갈비 안쪽에 붙은 고기로 육질이 가장 부드럽고 연하며, 고기의 두께가 조금 얇고 얼룩 지방과 근막이 형성되어 있는 최상급 고기이다.	구이, 찜, 탕

출처: 이주희·김미리·민혜선 외(2012). 『과학으로 풀어쓴 식품과 조리원리』. 교문사. p.167.

(2) 돼지고기

돼지는 거의 모든 부위를 사용하며, 대체로 연하고 지방질이 많아 열량을 많이 얻을 수 있는 식품으로 여러 가지 음식에 사용

(3) 가금류

우리나라에서는 닭은 비롯한, 집오리, 거위, 칠면조, 메추리, 뿔닭 등이 있음

2) 어패류

어류(fish)와 연체류(mollusks), 갑각류(crustacean), 조개류(shellfish)로 구분됨

4. 구이 조리하기

1) 구이 조리 시 유의사항

① 수분량이 많은 재료의 경우(예, 생선 등) 겉만 타고 속이 익지 않는 경우가 많으므로 프라이팬 또는 석쇠에서 약한 불로 천천히 구울 것
② 생선과 소고기는 40℃ 전후에서 단백질이 응고되기 시작하며, 가장 맛이 좋은 응고시점은 소고기는 65℃, 생선은 70~80℃임
③ 지방이 많은 식재료는 직화로 구우면 지방이 불 위에 떨어져서 아크롤레인이 발생할 수 있으므로 주의가 필요함
④ 고추장 양념은 잘 타기 때문에 애벌구이로 먼저 익힌 후 고추장 양념을 발라 구울 것
⑤ 구이는 달궈진 팬이나 석쇠를 사용해 육즙이 빠져 나가지 않도록 하고, 지나치게 높은 온도로 가열 시 겉만 타고 속은 익지 않으므로 온도 조절에 유의할 것

2) 재료에 맞는 양념 선별

소금구이	방자구이	소고기의 소금 이를 말하며 춘향전에 방자가 고기를 양념할 겨를도 없이 얼른 구워먹었다는 데서 유래
	청어구이	청어를 칼집을 내고 소금을 뿌려 구운 음식
	고등어구이	고등어를 내장을 제거한 후 반을 갈라서 칼집을 내고 소금을 뿌려 구운 음식
	김구이	김에 들기름이나 참기름을 바르고 소금을 뿌려서 구운 음식
간장양념구이	간장, 다진 대파, 다진 마늘, 설탕, 후추, 참기름, 청주 등이 양념재료로 만들어진 음식	
	가리구이	쇠갈비 살을 편으로 계속 이어 뜨고 칼집을 내어 양념장에 재어 두었다가 구운 음식
	너비아니구이	흔히 불고기라고 하는 것으로 궁중음식으로 소고기를 저며서 양념장에 재어 두었다가 구운 음식
	장포육	소고기를 도톰하게 저며서 두들겨 부드럽게 한 후 양념하여 굽고 또 반복해서 구운 포육
	염통구이	염통을 저며서 잔 칼질하여 양념장에 재어 두었다가 구운 음식
	닭구이	닭을 토막 내어 양념장에 재어 두었다가 구운 음식
	생치(꿩)구이	꿩을 편으로 뜨거나 칼집을 내어 양념장에 재어 두었다가 구운 음식
	도미구이	도미를 포를 떠서 양념장에 재어 두었다가 구운 음식
	민어구이	민어도미를 포를 떠서 양념장에 재어 두었다가 구운 음식
	삼치구이	삼치를 포를 떠서 양념장에 재어 두었다가 구운 음식
	낙지호롱	낙지머리를 볏짚에 끼워서 양념장을 발라가며 구운 음식
고추장양념구이	고추장, 고춧가루, 간장, 소금, 다진 대파, 다진 마늘, 설탕, 후추, 참기름, 청주 등이 양념재료로 만들어진 음식	
	제육구이	돼지고기를 고추장 양념장에 재어 두었다가 구운 음식
	병어구이	병어를 통째로 칼집을 내고 애벌구이한 후 고추장 양념장을 발라 구운 음식
	북어구이	북어를 부드럽게 불려서 유장에 재어 애벌구이한 후 고추장 양념장을 발라 구운 음식
	장어구이	장어 머리와 뼈를 제거하고 고추장 양념장을 발라 구운 음식
	오징어구이	오징어를 껍질을 제거하고 칼집을 넣어 토막 낸 후 고추장 양념장에 재어 두었다가 구운 음식
	뱅어포구이	뱅어포에 양념장을 발라 구운 음식
	더덕구이	더덕을 두드려 펴서 양념장을 발라 구운 음식

3) 구이조리에 영향을 미치는 요인

(1) 재료의 연화

단백질 가수분해 효소 첨가 (연육제)	• 파파야(파파인), 파인애플(브로멜린), 무화과(피신), 키위(액티니딘), 배 또는 생강(단백질 분해효소)
수소이온농도(pH)	• 근육 단백질의 등전점인 pH5~6보다 낮거나 높게 함 • 고기를 숙성시키기 위해 젖산 생성을 촉진하거나 그와 비슷한 효과를 얻기 위해 산을 첨가하기도 함
염의 첨가	• 식염용액(1.2~1.5%), 인산염용액(0.2M)의 수화작용에 의해 근육단백질이 연해짐
설탕의 첨가	• 단백질의 열 응고를 지연시키므로 단백질의 연화작용을 가짐
기계적 방법	• 만육기(meat chopper)로 두드리거나 칼등으로 두드림으로써 결합조직과 근섬유를 끊어줌 • 칼로 썰 때 고기결의 직각 방향으로 썲

(2) 양념하기

설탕과 향신료는 먼저 쓰고, 간은 나중에 하는 것이 좋으며, 소금은 생선무게의 약 2%가 적당

① 재워두는 시간
 – 양념 후 30분 정도가 좋음
 – 생선양념의 경우 지질 함량이 높은 생선에 적합
 – 고추장양념의 경우 간장 등의 양념으로 미리 익힌 후 낮은 온도에서 조금씩 발라가며 구움

② 가열방법
 – 팬 등을 이용해 구이를 할 경우 팬이 충분히 달궈진 후 식재료를 놓아야 육즙이 빠져 나가지 않고 맛있는 구이조리를 할 수 있음
 – 너무 고온으로 하면 겉만 타고 속은 익지 않으며, 너무 낮으면 식품 표면이 마르고 내부는 익지 않아 맛과 영양소가 감소될 수 있음

초벌구이	유장을 발라 초벌구이를 할 때는 살짝 익힘
재벌구이	유장을 발라 초벌구이를 한 후에는 양념을 두 번으로 나누어 사용하며 타지 않게 주의하며 구움
뒤집기	자주 뒤집으면 모양 유지가 어렵고 부서지기 쉬움

10장 한식 숙채조리

1. 숙채

① 물에 데치거나 기름에 볶는 나물

② 콩나물, 시금치, 숙주나물, 기타나물 등 : 대개 끓는물에 파랗게 데쳐서 무침

③ 호박, 오이, 도라지 등 : 소금에 절였다가 팬에 기름을 두르고 볶아서 익힘

④ 시금치, 쑥갓 등의 나물 : 끓는물에 소금을 약간 넣어 살짝 데치고 찬물에 헹궈서 사용

⑤ 잡채 : 다양한 채소를 볶아서 당면과 함께 무친 것

    탕평채 : 청포묵을 쇠고기, 채소, 지단 등과 함께 버무린 것

    겨자채 : 신선한 채소와 배, 편육 등을 겨자장으로 무친 것

2. 숙채의 조리방법

재료의 쓴 맛이나 떫은 맛을 없애고 부드러운 식감을 주기 위해서 채소를 데치거나 삶거나 찌거나 볶는 등 익혀서 조리하는 방법

1) 끓이기와 삶기(습열조리)

① 식재료를 물에 넣고 가열하되 끓이지는 않고 익을 때까지 가열하는 것

② 삶기는 식재료를 익히는 것이 중요하며 사용된 물은 식용하지 않음

2) 데치기(습열조리)

① 식품 재료를 끓는 물속에서 단시간 끓이는 것

② 식품조직을 부드럽게 하고 좋지 않은 맛을 없애며 식품의 색을 선명하게 해줌

③ 끓는물에 데치는 녹색채소는 선명한 푸른색을 띠어야 하고 영양소의 손실이 적어야 하므로

충분한 양의 물에 약간의 소금을 넣고 뚜껑을 열고 데침

④ 우엉이나 연근의 떫은 맛을 없애기 위해서는 데칠 때 식초를 넣으면 효과적

⑤ 채소를 데친 후 찬물에 담가두어 온도를 급격히 저하시키는 것이 비타민 C의 보호에 좋음

3) 찌기(습열조리)

① 가열된 수증기로 식품을 익히며 간접적으로 가열되는 조리법

② 수용성 영양소의 손실이 적고 모양유지에 좋음

③ 녹색채소 조리법으로 부적당

④ 시간이 오래 걸리고 연료가 많이 드는 단점이 있음

4) 볶기(건열조리)

① 냄비나 프라이팬에 기름을 두르고 식품이 볶아지면서 익는 조리법으로 굽기와 튀김의 중간방법

② 독특한 향기와 고소한 맛이 생김

③ 볶을 때 사용하는 기름의 양은 보통 재료의 5~10%가 적당

④ 지용성 비타민의 흡수를 돕고 수용성 영양소의 손실 최소화

3. 숙채 재료 준비하기

1) 채소의 종류와 특성

콩나물	• 머리가 통통하고 노란색을 띠며 검은 반점이 없고 줄기가 너무 길지 않은 것 • 비타민 B, C, 단백질, 무기질 풍부 • 싹이 트면서 콩에 없던 비타민 C 증가
비름	• 잎이 신선하며 향기가 좋고 얇고 억세지 않아 부드러우며 줄기가 길지 않은 것
시금치	• 철분 풍부 • 수산성분 : 결석의 우려가 있으므로 뚜껑을 열고 데치거나 수산성분을 없애주는 참깨와 함께 조리

고사리	• 칼슘, 섬유질, 카로틴, 비타민 풍부 • 어린 순을 삶아서 말렸다가 물에 불려 조리
숙주	• 이물질이 섞이지 않고 상한 냄새가 나지 않아야 하며, 뿌리가 무르지 않고 잔뿌리가 없는 것이 좋음
쑥갓	• 독특한 향이 있어 전골이나 찌개에 사용 • 데쳐도 영양소 손실이 적고 칼슘과 철분이 풍부
미나리	• 습지에서 잘 자라고 특유의 향으로 사계절 식용 가능 • 다양한 요리에 부재료로 많이 이용
가지	• 칼로리가 낮고 수분이 많으며 안토시아닌계 색소 • 나물, 구이, 볶음, 찜, 조림, 선, 튀김, 김치 등에 이용
씀바귀	• 이른 봄에 주로 뿌리를 초고추장에 무쳐 먹음
표고버섯	• 단백질, 가용성 무기질소물 및 섬유소를 함유 • 맛 성분 : 5-구아닐산 나트륨 • 향기의 주성분 : 레티오닌 • 생것보다 햇빛에 말린 것이 영양분이 더 좋으며, 갈아서 나물이나 찌개에 천연양념으로 사용
두릅	• 비타민과 단백질이 많은 나물 • 두릅회 : 어리고 연한 두릅을 데쳐 초고추장을 곁들임
무	• 디아스타제 : 소화촉진, 해독작용이 있음. 밀가루 음식과 먹으면 좋음 • 리그닌 : 식물성 섬유, 변비 개선, 장 내의 노폐물 제거 • 무 껍질에는 비타민이 많이 있어 껍질째 요리하는 것이 좋음

2) 식물성 색소와 동물성 색소

(1) 식물성 색소

클로로필	• 녹색채소의 변색을 예방하기 위해서는 끓는물에 채소를 넣고 뚜껑을 열어 고온 단시간 가열하면 비타민 C와 클로로필 파괴를 최소화 • 중탄산나트륨같은 알칼리 성분은 녹색을 보존시키나 비타민 C를 파괴시키고 물러짐 • 산에 의해 갈변하므로 간장, 된장, 식초 등은 먹기 직전에 첨가
카로티노이드	• 황색, 주황색, 적색을 띠는 지용성 색소 • 산에 불안정하고 알칼리에 안정 • 공기가 없으면 열에 안정 • 빛에 의해 파괴
플라보노이드	• 담황색에서 황색을 띠는 수용성 색소 • 안토시아닌(적색, 청색, 자색) 함유 : 산에 의해 적색. 산소에 의해 산화되어 갈변 • 안토잔틴 : 산에 안정하나 알칼리에 황색이나 갈색 • 탄닌류 : 미숙과일, 커피, 차 등의 떫은 맛. 금속이온과 반응
베타시아닌	• 수용성의 붉은 색소 • 글루코오스 배당체로 베타닌이라고도 함 • 열에 불안정, pH 4~6 범위에서는 비교적 안정
갈변색소	• 무색이나 가공, 조리, 저장과정에서 갈색으로 변색되는 반응 • 효소적 갈변과 비효소적 갈변반응이 있음

(2) 동물성 색소

미오글로빈	• 육류와 그 가공품의 주된 색소 • 적자색을 띠지만 산소와 만나면 산화되어 적갈색으로, 가열 시 갈색이나 회색으로 변화
헤모글로빈	• 육류의 혈액색소 • 산화되면 적갈색, 가열 시 갈색이나 회색으로 변화
카로티노이드	• 황색이나 적색 • 유지방의 버터, 치즈의 색과 난황의 황색에 영향을 줌

11장 한식 볶음조리

1. 볶음조리의 특징

① 소량의 지방을 이용해 뜨거운 팬에서 음식 조리

② 높은 온도에서 단기간에 볶아 익히므로 질감, 색과 향을 유지

③ 넓은 팬을 이용하면 조리하기에 편리하며 잔열로 인한 갈변방지를 위해 완성된 요리는 재빨리 팬에서 옮겨 담는 것이 좋음

2. 볶음 조리방법

① 다른 조리방법보다 볶음조리는 강한 불에서 조리

② 화력이 약하면 조리시간이 길어져 채소의 식감이 좋지 않고, 식재료 본연의 색이 변색됨

③ 큰 팬을 사용하면 바닥에 닿는 면이 넓어 재료가 균일하게 익으며 양념장이 골고루 배어들어 볶음의 맛이 좋아짐

3. 볶음 재료 준비하기

1) 볶음 재료

다시마	• 갈조식물. 곤포, 해태로도 불림 • 무기질 함량이 높고 소화율도 높음(79%) • 단백질의 주성분인 글루탐산으로 감칠맛을 냄 • 표면의 하얀 분말인 마니트라는 당성분으로 맛을 내므로 물에 씻지 말고 조리 • 쌈, 튀각, 볶음, 조림, 전 등
호박	• 동양계(애호박, 늙은호박)와 서양계(단호박)가 있음 • 호박오가리 : 늙은호박 건조한 것 • 호박고지 : 애호박을 건조한 것 • 채소 중 전분의 양이 가장 많으며 베타카로틴이 많아 기름과 함께 조리하면 흡수율이 높아짐 • 애호박 : 나물, 전, 호박고지 • 청둥호박(늙은호박) : 엿, 떡, 죽, 부침, 볶음. 찜 등 • 단호박 : 수프, 찜, 죽, 떡 등

2) 볶음 조리법

육류	• 기름에서 연기가 살짝 비춰질 정도로 뜨거워지면 육류를 넣고 조리 • 낮은 온도는 육즙의 유출로 질감이 퍽퍽하고 질겨짐 • 손잡이를 위로 하고 불꽃을 팬 안쪽에서 끌어들여 훈제되어지는 향을 유도하며 볶음
채소	• 변색되기 쉬우므로 기름을 적게 두르고 볶음 • 기본적인 간을 한 후 볶음 • 부재료인 야채를 센 불에 먼저 볶은 후 주재료를 볶음 • 버섯 : 물기가 많으므로 센 불에서 재빨리 볶거나 소금에 살짝 절인 후 물기를 제거하고 볶음 • 호박고지 : 미지근한 물에 오래 불리면 볶음 조리 후 식감이 낮아짐. 불린 후 밑간을 미리 해 두면 간이 골고루 배어 맛이 좋음

3) 볶음 조리하기

볶음을 할 때 센 불로 시작하여 끓기 시작하면 중불로 줄이고, 단시간에 조리를 해야 함

센 불	구이, 볶음, 찜처럼 처음에 재료를 익히거나 국물을 팔팔 끓일 때 사용
중불	국물요리에서 한 번 끓어오른 뒤 그 다음 부글부글 끓는 상태를 유지할 때 사용
약불	오랫동안 끓이는 조림요리나 뭉근히 끓이는 국물요리에 사용

12장 한식 김치조리

1. 김치의 시대별 변천사

시대	참고 문헌	기록 내용	김치 형태
삼국시대	삼국지 위지동이전	저(菹 : 소금절임) 제조라는 단어 등장	산채류와 야생채류를 이용한 소금절임 위주의 김치의 근간 등장
	정창원고문서	수수보리저 : 김치 무리라는 용어 등장	
	제민요술	김치 담그는 법 소개	
통일신라	삼국사기 신문왕	혜(醢) : 김치무리라는 용어 등장	
고려시대	한약구급방	배추에 관한 기록 등장	순무장아찌(여름)와 순무소금절이(김치류)가 있었으며, 김치는 단순히 겨울용 저장 식품뿐만 아니라 계절에 따라 즐겨 먹는 조리 가공식품으로 변신
	산촌잡영	소금절이 김치 소개	
	동국이상국집	순무를 절이는 방법 소개	
조선전기	태종왕조실록	침장고 용어 등장	절이는 채소의 종류와 향신료 사용이 다양해져 가는 시기
	사시찬요초	침채저(沈菜菹)	
	수운잡방	무김치, 가지김치 등 소개	
조선후기	음식디미방	산갓 김치, 생치 김치, 나박 김치, 생치 짠지, 생치지 등 소개	고추 및 결구배추가 도입되면서 오늘날과 같은 김치로 발전함
	증보산림경제	마늘, 파, 부추 양념으로 사용되었다는 내용	
	농가월령가	여름의 장과 겨울의 김치는, 민가에서 일년의 중요한 계획	

출처 : 김미리 · 김재한 · 김병광 외(2009), 『김치과학』, 서울교과서.

2. 김치의 효능

1) 항균작용

① 숙성·발효에 따라 항균작용이 증가

② 유산균 생육 번성으로 김치 내의 유해 미생물의 번식 억제

③ 새콤한 신맛으로 김치의 맛 상승

2) 중화작용

① 알칼리성 식품으로 혈액의 산성화를 막아주고 산독증 예방

3) 다이어트 효과

① 수분이 많고 에너지가 낮아 다이어트 효과

② 포만감을 주어 다른 에너지원 섭취 제한

③ 고추의 캡사이신(capsaicin)의 체지방 연소 작용으로 체내 지방 축적을 막아줌

4) 항암작용

① 주재료인 배추 등의 채소가 대장암 예방 효과

② 마늘은 위암을 예방 효과

③ 베타카로틴 함량이 높아 폐암 예방 효과

④ 고추의 캡사이신 성분의 니코틴 제거 및 면역 증강 효과

5) 항산화·항노화 작용

① 항산화물질 존재(카로틴, 플라보노이드, 폴리페놀, 비타민 C, E 등)

6) 동맥경화, 혈전증 예방작용

① 혈중 중성지질, 혈중 콜레스테롤, 인지질 함량을 감소시켜 동맥경화 예방에 도움

② 마늘은 혈전을 억제하여 심혈관 질환 예방에 효과적

3. 좋은 배추 고르기

① 배추는 중간크기를 고른다.

② 배추 흰 줄기 부분을 눌렀을 때 단단하고 탄력이 있는 것이 좋다.

③ 배추의 중심을 잘라 혀에 대서 단맛이 나는 것이 좋으며, 잎 두께가 얇고 연하고 연녹색인 것이 좋다.

④ 잎을 조금 씹어 보아 고소한 맛이 나는 것이 좋고, 배추 밑동을 잘라 씹어 보아 고소한 맛이 나는 것이 좋다.

⑤ 배추 저장의 최적 조건은 온도 0~3℃, 상대습도 95%이다.

4. 김치 재료 준비하기

품질확인	• 배추는 결구 정도가 단단하고 속잎이 노란색을 띠는 것 • 무는 좌우 대칭이 반듯하고 잔뿌리가 적으며 묵직한 것 • 열무는 외관이 싱싱하고 이물질이 없는 것 • 쪽파는 외관이 싱싱하고 끝부분이 시들지 않은 것
다듬기	• 병충해 입은 부위를 제거하고 식용 가능한 부위 작업하며, 무는 밑동 제거
세척 및 물빼기	• 세척 후 채반에서 물빼기 • 배추는 염 농도가 2~3%로 맞추고 소금물이 잘 스며들도록 이등분 • 세척한 무는 정육각형으로 깍둑썰기
절이기	• 배추 : 봄, 여름(7~10%, 8~9시간), 겨울(12~13%, 12~16시간) • 쪽파 : 액젓으로 절이기
부재료 전처리	• 배추김치 : 대파, 생강, 마늘, 갓, 새우젓, 고춧가루 등 • 깍두기 : 미나리, 쪽파, 생굴, 마늘, 생강, 고춧가루, 설탕, 소금 등 • 열무김치 : 홍고추, 풋고추, 생강, 마늘, 밀가루 등 • 파김치 : 멸치액젓, 마늘, 생강, 고춧가루, 통깨, 찹쌀가루 등

5. 김치 양념 배합하기

양념은 음식을 만들 때 재료가 지닌 고유한 맛을 살리면서 음식마다 특유한 맛을 낼 때 사용된다. 양념은 한자로 약념(藥念)으로 표기하는데, '먹어서 몸에 약처럼 이롭기를 바라는 마음으로 여러 가지를 고루 넣어 만든다'는 뜻이 담겨 있다. 음식에 맛을 주어 맛있게 먹도록 하고 색을 주어 식욕을 돋우며 음식의 약리 효과를 높이기도 한다.

1) 양념의 종류

고추	• 비타민 A, B_1, B_2, C, E, 칼륨 및 칼슘 풍부 • 캡사이신 : 매운맛성분. 씨가 있는 부위와 꼭지쪽에 많음. 생선의 비린내, 육류의 누린내 제거, 지방산패 억제, 방부효과 등 • 베타인 : 감칠맛 성분
마늘	• 난지형(남해, 무안 등)과 한지형(서산, 의성, 단양 등)이 있음. • 알리신(allicin) : 마늘의 매운맛과 냄새. 항균력이 있음
파	• 종류 : 대파, 실파, 쪽파 등 • 자극성 성분 : 알릴설파이드(allysulfide)류. 소화액분비 촉진, 진정작용, 발한 작용 등
생강	• 당질, 식이섬유가 많으며, 당질의 40~60%는 전분 • 매운맛 성분 : 진저롤(gingerol), 쇼가올(shogaol). 육류의 누린내와 생선의 비린내 제거 및 항균, 항염 작용 등이 있음
갓	• 색에 따라 적갓, 청갓이 있으며, 전남 여수지방에서는 돌산갓이 유명 • 베타카로틴, 비타민 B_1, B_2, C의 함량이 높음 • 매운맛 성분 : 이소티오시아네이트(isothiocyanate). 항균, 항암, 호흡기질환 등에 효과적
소금	• 김치류에 1.5~3.5% 정도 함유 • 기능 : 맛 부여, 저장성 향상, 발효조절기능 등 • 소금 농도 : 10% 이상(세균의 생육억제) • 종류 : 천일염(염도 80%), 꽃소금(염도 90% 이상), 정제염(염도 99% 이상), 식탁염(정제염에 방습제 첨가), 맛소금(정제염에 MSG 첨가)
젓갈	• 소금의 농도가 13~18%인 고염식품 • 새우젓(칼슘함량이 높고 지방함량이 낮음), 멸치젓(에너지, 지방, 아미노산의 함량이 높음) • 김치에 첨가 시 젓갈의 염도를 고려하여 소금의 양은 0.2~0.4% 줄여야 함

2) 젓갈의 분류

젓갈류	• 어패류에 소금만 넣고 2~3개월 발효시킨 것. • 새우젓, 조개젓, 갈치속젓, 멸치젓 등 • 명란젓, 창난젓, 오징어젓, 꼴뚜기젓, 아가미젓, 어리굴젓은 양념 젓갈이라 하며 고춧가루, 마늘, 생강, 깨, 파 등을 첨가함.
식해류	• 소금과 함께 쌀, 엿기름, 조 등의 곡류, 고춧가루와 무채 같은 부재료를 혼합하여 숙성 발효시킨 가자미식해, 명태식해 등이 있음.
액젓	• 6~24개월 장기간 소금으로 발효 숙성시켜 육질이 효소에 의해 가수분해되므로 형체가 없어지게 되고, 이를 여과한 것으로 어장유라고도 함.

출처; NCS학습모듈, 김치조리

6. 김치 담그기

1) 김치의 산패원인

① 초기 김치 주재료 및 부재료가 청결하지 못한 경우

② 김치의 저장온도가 높거나 소금 농도가 낮은 경우

③ 김치 발효 마지막에 곰팡이나 효모들에 오염된 경우

2) 김치의 숙성

① 김치 발효 중에 발생하는 맛 성분 변화

  – 산도 증가 및 맛을 내는 물질의 생성으로 김치 맛의 산뜻함이 높아짐(젖산, 구연산, 주석산 생성).

  – 유기산(산도 증가, pH 감소)과 이산화탄소가 김치의 숙성을 진행시킴

  – pH 4.0 부근이 가장 맛있는 상태

  – 유리아미노산 : 김치의 맛을 좋게 하며, pH가 지나치게 떨어지는 것을 방지

② 비타민 C의 변화

  – 발효 초기에 감소하였다가 가장 맛있게 익을 때까지 계속 증가

  – 발효와 관계하는 미생물들이 비타민 C를 활용하므로 추후 다시 감소

한식조리기능사 실기

실기편

korean - style food

장국죽

지급재료

- 쌀(30분 정도 물에 불린 쌀) 100g · 소고기(살코기) 20g
- 건표고버섯(지름 5cm 물에 불린 것, 부서지지 않은 것) 1개
- 대파[흰 부분(4cm)] 1토막 · 마늘[중(깐 것)] 1쪽 · 국간장 10㎖
- 깨소금 5g · 검은 후춧가루 1g · 참기름 10㎖ · 진간장 10㎖

 요구사항

※ 주어진 재료를 사용하여 장국죽을 만드시오.

❶ 불린 쌀을 반 정도로 싸라기를 만들어 죽을 쑤시오.

❷ 소고기는 다지고 불린 표고는 3cm의 길이로 채 써시오.

 유의사항

❶ 만드는 순서에 유의하며, 위생과 숙련된 기능평가를 위하여 조리작업 시 맛을 보지 않습니다.

❷ 지정된 수험자 지참준비물 이외의 조리기구나 재료를 시험장 내에 지참할 수 없습니다.

❸ 지급재료는 시험 전 확인하여 이상이 있을 경우 시험위원으로부터 조치를 받고 시험 중에는 재료의 교환 및 추가지급은 하지 않습니다.

❹ 요구사항의 규격은 "정도"의 의미를 포함하며, 지급된 재료의 크기에 따라 가감하여 채점합니다.

❺ 위생복, 위생모, 앞치마, 마스크를 착용하여야 하며, 시험장비 · 조리도구 취급 등 안전에 유의합니다.

❻ 다음 사항은 실격에 해당하여 채점 대상에서 제외됩니다.

    가) 수험자 본인이 시험 도중 시험에 대한 포기 의사를 표현하는 경우

    나) 위생복, 위생모, 앞치마, 마스크를 착용하지 않은 경우

    다) 시험시간 내에 과제 두 가지를 제출하지 못한 경우

    라) 문제의 요구사항대로 과제의 수량이 만들어지지 않은 경우

    마) 완성품을 요구사항의 과제(요리)가 아닌 다른 요리(예, 달걀말이→달걀찜)로 만든 경우

    바) 불을 사용하여 만든 조리작품이 작품특성에 벗어나는 정도로 타거나 익지 않은 경우

    사) 해당 과제의 지급재료 이외 재료를 사용하거나 요구사항의 조리기구(석쇠 등)로 완성품을 조리하지 않은 경우

    아) 지정된 수험자 지참준비물 이외의 조리기술에 영향을 줄 수 있는 기구를 사용한 경우

    자) 가스레인지 화구 2개 이상(2개 포함) 사용한 경우

    차) 시험 중 시설 · 장비(칼, 가스레인지 등) 사용 시 시험위원 및 타 수험자의 시험 진행에 위해를 일으킬 것으로 시험위원 전원이 합의하여 판단한 경우

    카) 요구사항에 표시된 실격 및 부정행위에 해당하는 경우

❼ 항목별 배점은 위생상태 및 안전관리 5점, 조리기술 30점, 작품의 평가 15점입니다.

❽ 시험시작 전 가벼운 몸 풀기(스트레칭) 동작으로 긴장을 풀고 시험을 시작합니다.

1. 소고기는 핏물을 제거한다.

2. 쌀은 씻어 물에 담가두었다가 건져서 체에 받친다.

3. 불린 쌀은 싸라기 정도로 빻거나 잘게 부순다.

4. 소고기는 다지고 건표고는 불려서 포뜬 후 3cm 길이로 채 썰어 간장 2작은술, 참기름, 후춧가루, 다진 파, 다진마늘, 깨로 각각 양념한다(깨는 조금만 넣는다).

5. 냄비에 참기름을 두르고 다진소고기, 표고버섯 순서로 볶는다.

6. 소고기와 표고버섯이 어느 정도 볶아지면 으깬 쌀을 넣어 볶아준다.

7. 쌀알이 반쯤 투명해지면 쌀 분량의 6~7배의 물을 넣고 처음엔 센 불에 끓이다가 끓기 시작하면 불을 낮추어 은근하게 끓인다.

8. 나무주걱으로 저어주면서 눌어붙지 않도록 주의한다.

9. 죽이 잘 퍼지면 국간장으로 너무 진하지 않게 색을 내고 소금(1½작은술)으로 간을 맞춘다.

Memo

시험시간 30분

콩나물밥

지급재료

- 쌀(30분 정도 물에 불린 쌀) 150g · 콩나물 60g
- 소고기(살코기) 30g · 대파[흰 부분(4cm)] 1/2토막
- 마늘[중(깐 것)] 1쪽 · 진간장 5㎖ · 참기름 5㎖

 요구사항

※ 주어진 재료를 사용하여 콩나물밥을 만드시오.

❶ 콩나물은 꼬리를 다듬고 소고기는 채 썰어 간장양념을 하시오.
❷ 밥을 지어 전량 제출하시오.

 유의사항

❶ 만드는 순서에 유의하며, 위생과 숙련된 기능평가를 위하여 조리작업 시 맛을 보지 않습니다.
❷ 지정된 수험자지참준비물 이외의 조리기구나 재료를 시험장 내에 지참할 수 없습니다.
❸ 지급재료는 시험 전 확인하여 이상이 있을 경우 시험위원으로부터 조치를 받고 시험 중에는 재료의 교환 및
   추가지급은 하지 않습니다.
❹ 요구사항의 규격은 "정도"의 의미를 포함하며, 지급된 재료의 크기에 따라 가감하여 채점합니다.
❺ 위생복, 위생모, 앞치마를 착용하여야 하며, 시험장비 · 조리도구 취급 등 안전에 유의합니다.
❻ 다음 사항은 실격에 해당하여 채점 대상에서 제외됩니다.
   가) 수험자 본인이 시험 도중 시험에 대한 포기 의사를 표현하는 경우
   나) 위생복, 위생모, 앞치마, 마스크를 착용하지 않은 경우
   다) 시험시간 내에 과제 두 가지를 제출하지 못한 경우
   라) 문제의 요구사항대로 과제의 수량이 만들어지지 않은 경우
   마) 완성품을 요구사항의 과제(요리)가 아닌 다른 요리(예, 달걀말이→달걀찜)로 만든 경우
   바) 불을 사용하여 만든 조리작품이 작품특성에 벗어나는 정도로 타거나 익지 않은 경우
   사) 해당 과제의 지급재료 이외 재료를 사용하거나 요구사항의 조리기구(석쇠 등)로 완성품을 조리하지 않은
      경우
   아) 지정된 수험자 지참준비물 이외의 조리기술에 영향을 줄 수 있는 기구를 사용한 경우
   자) 가스레인지 화구 2개 이상(2개 포함) 사용한 경우
   차) 시험 중 시설 · 장비(칼, 가스레인지 등) 사용 시 시험위원 및 타 수험자의 시험 진행에 위해를 일으킬 것으
      로 시험위원 전원이 합의하여 판단한 경우
   카) 요구사항에 표시된 실격 및 부정행위에 해당하는 경우
❼ 항목별 배점은 위생상태 및 안전관리 5점, 조리기술 30점, 작품의 평가 15점입니다.
❽ 시험시작 전 가벼운 몸 풀기(스트레칭) 동작으로 긴장을 풀고 시험을 시작합니다.

1. 소고기는 핏물을 제거한다.
2. 콩나물은 껍질을 제거하고 뿌리를 제거해서 깨끗이 씻어 체에 밭쳐둔다.
3. 핏물을 제거한 소고기는 결대로 곱게 썰어 간장 1/2작은술, 다진파, 다진마늘, 참기름을 넣고 고기 양념장으로 밑간한다.(간장을 너무 많이 넣으면 콩나물밥 색이 짙을 수 있어 유의한다.)
4. 쌀은 씻어 물에 담가두었다가 건져서 밥솥에 안치고 콩나물과 소고기를 그 위에 얹는다.
5. 물을 넣고 보통 밥처럼 짓는다.
6. 밥이 다 되면 위아래를 가볍게 고루 섞어 그릇에 담는다.(콩나물과 고기가 골고루 보이도록 누르지 않고 소복하게 담는다.)

Memo

시험시간
50분

비빔밥

지급재료

- 쌀(30분 정도 물에 불린 쌀) 150g • 애호박[중(길이 6cm)] 60g
- 도라지(찢은 것) 20g • 고사리(불린 것) 30g • 소고기(살코기) 30g
- 청포묵[중(길이 6cm)] 40g • 건다시마(5×5cm) 1장 • 달걀 1개
- 고추장 40g • 대파[흰 부분(4cm)] 1토막
- 식용유 30㎖ • 마늘[중(깐 것)] 2쪽 • 진간장 15㎖ • 백설탕 15g
- 깨소금 5g • 검은 후춧가루 1g • 참기름 5㎖ • 소금(정제염) 10g

 요구사항

※ 주어진 재료를 사용하여 비빔밥을 만드시오.

❶ 채소, 소고기, 황백지단의 크기는 0.3×0.3×5cm로 써시오.
❷ 호박은 돌려깎기하여 0.3×0.3×5cm로 써시오.
❸ 청포묵의 크기는 0.5×0.5×5cm로 써시오.
❹ 소고기는 고추장 볶음과 고명에 사용하시오.
❺ 담은 밥 위에 준비된 재료들을 색맞추어 돌려 담으시오.
❻ 볶은 고추장은 완성된 밥 위에 얹어 내시오.

 유의사항

❶ 만드는 순서에 유의하며, 위생과 숙련된 기능평가를 위하여 조리작업 시 맛을 보지 않습니다.
❷ 지정된 수험자지참준비물 이외의 조리기구나 재료를 시험장 내에 지참할 수 없습니다.
❸ 지급재료는 시험 전 확인하여 이상이 있을 경우 시험위원으로부터 조치를 받고 시험 중에는 재료의 교환 및 추가지급은 하지 않습니다.
❹ 요구사항의 규격은 "정도"의 의미를 포함하며, 지급된 재료의 크기에 따라 가감하여 채점합니다.
❺ 위생복, 위생모, 앞치마를 착용하여야 하며, 시험장비 · 조리도구 취급 등 안전에 유의합니다.
❻ 다음 사항은 실격에 해당하여 채점 대상에서 제외됩니다.
　가) 수험자 본인이 시험 도중 시험에 대한 포기 의사를 표현하는 경우
　나) 위생복, 위생모, 앞치마, 마스크를 착용하지 않은 경우
　다) 시험시간 내에 과제 두 가지를 제출하지 못한 경우
　라) 문제의 요구사항대로 과제의 수량이 만들어지지 않은 경우
　마) 완성품을 요구사항의 과제(요리)가 아닌 다른 요리(예, 달걀말이→달걀찜)로 만든 경우
　바) 불을 사용하여 만든 조리작품이 작품특성에 벗어나는 정도로 타거나 익지 않은 경우
　사) 해당 과제의 지급재료 이외 재료를 사용하거나 요구사항의 조리기구(석쇠 등)로 완성품을 조리하지 않은 경우
　아) 지정된 수험자 지참준비물 이외의 조리기술에 영향을 줄 수 있는 기구를 사용한 경우
　자) 가스레인지 화구 2개 이상(2개 포함) 사용한 경우
　차) 시험 중 시설 · 장비(칼, 가스레인지 등) 사용 시 시험위원 및 타 수험자의 시험 진행에 위해를 일으킬 것으로 시험위원 전원이 합의하여 판단한 경우
　카) 요구사항에 표시된 실격 및 부정행위에 해당하는 경우
❼ 항목별 배점은 위생상태 및 안전관리 5점, 조리기술 30점, 작품의 평가 15점입니다.
❽ 시험시작 전 가벼운 몸 풀기(스트레칭) 동작으로 긴장을 풀고 시험을 시작합니다.

만드는 방법과 순서

1. 소고기는 핏물을 제거한다.

2. 쌀은 깨끗이 씻어 물에 담그었다가 체에 받쳐둔다.

3. 도라지는 껍질을 제거하고 5×0.3×0.3cm로 채 썰어 소금으로 주물러 씻어 쓴맛을 제거한다.

4. 청포묵은 5×0.5×0.5cm로 채 썰어 끓는 물에 데쳐서 찬물에 헹군 후 소금, 참기름으로 간을 한다.

5. 고사리는 다듬고 5cm로 잘라 고기양념을 이용해 양념한다.(고기양념 : 고사리, 다진소고기, 채 썬 소고기에 나누어 사용한다. 간장 1½큰술, 설탕 2작은술, 다진파 2작은술, 다진마늘 1작은술, 참기름, 깨, 후춧가루)

6. 애호박은 돌려깎은 후 5×0.3×0.3cm로 채 썰어 소금에 절였다가 헹구어 물기를 제거한다.

7. 소고기는 일부는 다지고 나머지는 5×0.3×0.3cm로 채 썰어 고기양념을 이용해 양념한다.

8. 다시마는 젖은 헹주로 겉면을 살짝 닦은 후 팬에 기름을 넉넉히 두르고 튀겨서 식으면 굵게 부순다.

9. 팬에 기름을 두르고 황백지단을 부쳐 5cm 길이로 채 썬다.

10. 팬에 기름을 두르고 도라지, 애호박, 고사리, 소고기 순으로 볶는다.(고사리는 볶을 때 물을 조금 넣어 부드럽게 볶는다.)

11. 팬에 다진소고기 양념한 것을 볶다가 고추장 1큰술, 설탕 1/2큰술, 물 1큰술을 넣고 부드럽게 볶다가 농도가 알맞으면 참기름을 조금 넣고 약고추장을 만든다.

12. 밥 위에 재료를 색스럽게 담고 그 위에 약고추장을 담는다.

Memo

완자탕

지급재료

- 소고기(살코기) 50g · 소고기(사태부위) 20g · 달걀 1개
- 대파[흰 부분(4cm)] 1/2토막 · 밀가루(중력분) 10g
- 마늘[중(깐 것)] 2쪽 · 식용유 20㎖ · 소금(정제염) 10g
- 검은 후춧가루 2g · 두부 15g · 국간장 5㎖ · 참기름 5㎖
- 키친타월(종이)[주방용(소 18×20cm)] 1장 · 깨소금 5g
- 백설탕 5g

 요구사항

※ 주어진 재료를 사용하여 완자탕을 만드시오.

❶ 완자는 지름 3cm로 6개를 만들고, 국 국물의 양은 200㎖ 이상 제출하시오.
❷ 달걀은 지단과 완자용으로 사용하시오.
❸ 고명으로 황백지단(마름모꼴)을 각 2개씩 띄우시오.

 유의사항

❶ 만드는 순서에 유의하며, 위생과 숙련된 기능평가를 위하여 조리작업 시 맛을 보지 않습니다.
❷ 지정된 수험자지참준비물 이외의 조리기구나 재료를 시험장 내에 지참할 수 없습니다.
❸ 지급재료는 시험 전 확인하여 이상이 있을 경우 시험위원으로부터 조치를 받고 시험 중에는 재료의 교환 및 추가지급은 하지 않습니다.
❹ 요구사항의 규격은 "정도"의 의미를 포함하며, 지급된 재료의 크기에 따라 가감하여 채점합니다.
❺ 위생복, 위생모, 앞치마를 착용하여야 하며, 시험장비 · 조리도구 취급 등 안전에 유의합니다.
❻ 다음 사항은 실격에 해당하여 채점 대상에서 제외됩니다.
　가) 수험자 본인이 시험 도중 시험에 대한 포기 의사를 표현하는 경우
　나) 위생복, 위생모, 앞치마, 마스크를 착용하지 않은 경우
　다) 시험시간 내에 과제 두 가지를 제출하지 못한 경우
　라) 문제의 요구사항대로 과제의 수량이 만들어지지 않은 경우
　마) 완성품을 요구사항의 과제(요리)가 아닌 다른 요리(예, 달걀말이→달걀찜)로 만든 경우
　바) 불을 사용하여 만든 조리작품이 작품특성에 벗어나는 정도로 타거나 익지 않은 경우
　사) 해당 과제의 지급재료 이외 재료를 사용하거나 요구사항의 조리기구(석쇠 등)로 완성품을 조리하지 않은 경우
　아) 지정된 수험자 지참준비물 이외의 조리기술에 영향을 줄 수 있는 기구를 사용한 경우
　자) 가스레인지 화구 2개 이상(2개 포함) 사용한 경우
　차) 시험 중 시설 · 장비(칼, 가스레인지 등) 사용 시 시험위원 및 타 수험자의 시험 진행에 위해를 일으킬 것으로 시험위원 전원이 합의하여 판단한 경우
　카) 요구사항에 표시된 실격 및 부정행위에 해당하는 경우
❼ 항목별 배점은 위생상태 및 안전관리 5점, 조리기술 30점, 작품의 평가 15점입니다.
❽ 시험시작 전 가벼운 몸 풀기(스트레칭) 동작으로 긴장을 풀고 시험을 시작합니다.

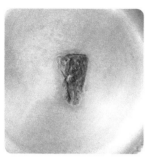

1. 소고기 사태 부위는 찬물에 담그어 핏물을 제거한다.

2. 핏물을 제거한 소고기는 찬물에 넣어 끓여 낸 후 면포로 걸러 육수를 만든다.

3. 소고기 살코기는 다져서 물기 제거하여 으깬 두부와 합하여 소금 1작은술, 다진파 1작은술, 설탕, 깨, 다진마늘 1/2작은술, 참기름, 후춧가루를 넣고 양념한다.

4. 양념한 소고기는 직경 2.5cm 완자로 만들어 밀가루를 고루 묻힌 후 체로 털어낸다.

5. 달걀은 황, 백으로 나누어 반 분량만 달걀지단을 부쳐 마름모꼴로 썰어 각각 2개씩 준비한다.

6. 소고기완자는 밀가루와 지단하고 남은 달걀을 섞은 달걀물을 입힌 후 팬에 기름을 약간만 두르고 굴려가면서 완전히 익혀준다.

7. 육수 2컵에 국간장 1½작은술로 색을 내고 소금 1작은술로 간을 한 후 끓으면 완자를 넣고 잠깐 끓여낸다.

8. 그릇에 완자를 담고 육수를 200㎖ 넣은 후 황백지단을 띄운다.

Memo

두부젓국찌개

지급재료

- 두부 100g · 생굴(껍질 벗긴 것) 30g · 실파(1뿌리) 20g
- 홍고추(생) 1/2개 · 새우젓 10g · 마늘[중(깐 것)] 1쪽
- 참기름 5㎖ · 소금(정제염) 5g

 요구사항

※ 주어진 재료를 사용하여 두부젓국찌개를 만드시오.

❶ 두부는 2×3×1cm로 써시오.
❷ 홍고추는 0.5×3cm, 실파는 3cm 길이로 써시오.
❸ 소금과 다진 새우젓의 국물로 간하고, 국물을 맑게 만드시오.
❹ 찌개의 국물은 200㎖ 이상 제출하시오.

 유의사항

❶ 만드는 순서에 유의하며, 위생과 숙련된 기능평가를 위하여 조리작업 시 맛을 보지 않습니다.
❷ 지정된 수험자지참준비물 이외의 조리기구나 재료를 시험장 내에 지참할 수 없습니다.
❸ 지급재료는 시험 전 확인하여 이상이 있을 경우 시험위원으로부터 조치를 받고 시험 중에는 재료의 교환 및 추가지급은 하지 않습니다.
❹ 요구사항의 규격은 "정도"의 의미를 포함하며, 지급된 재료의 크기에 따라 가감하여 채점합니다.
❺ 위생복, 위생모, 앞치마를 착용하여야 하며, 시험장비 · 조리도구 취급 등 안전에 유의합니다.
❻ 다음 사항은 실격에 해당하여 채점 대상에서 제외됩니다.
　가) 수험자 본인이 시험 도중 시험에 대한 포기 의사를 표현하는 경우
　나) 위생복, 위생모, 앞치마, 마스크를 착용하지 않은 경우
　다) 시험시간 내에 과제 두 가지를 제출하지 못한 경우
　라) 문제의 요구사항대로 과제의 수량이 만들어지지 않은 경우
　마) 완성품을 요구사항의 과제(요리)가 아닌 다른 요리(예, 달걀말이→달걀찜)로 만든 경우
　바) 불을 사용하여 만든 조리작품이 작품특성에 벗어나는 정도로 타거나 익지 않은 경우
　사) 해당 과제의 지급재료 이외 재료를 사용하거나 요구사항의 조리기구(석쇠 등)로 완성품을 조리하지 않은 경우
　아) 지정된 수험자 지참준비물 이외의 조리기술에 영향을 줄 수 있는 기구를 사용한 경우
　자) 가스레인지 화구 2개 이상(2개 포함) 사용한 경우
　차) 시험 중 시설 · 장비(칼, 가스레인지 등) 사용 시 시험위원 및 타 수험자의 시험 진행에 위해를 일으킬 것으로 시험위원 전원이 합의하여 판단한 경우
　카) 요구사항에 표시된 실격 및 부정행위에 해당하는 경우
❼ 항목별 배점은 위생상태 및 안전관리 5점, 조리기술 30점, 작품의 평가 15점입니다.
❽ 시험시작 전 가벼운 몸 풀기(스트레칭) 동작으로 긴장을 풀고 시험을 시작합니다.

1. 두부는 2×3×1cm로 썰어준다.(두부를 썰어 물에 담그었다가 사용하면 국물이 깨끗하다.)

2. 굴은 이물질과 껍질을 골라내고 엷은 소금물로 씻어 체에 받쳐 물기를 제거한다.

3. 실파는 3cm로 썰고 홍고추는 씨와 속을 제거하고 0.5×3cm로 썬다.

4. 새우젓은 다져서 국물만 짜서 준비한다.

5. 냄비에 물 2컵을 넣고 새우젓국물 1큰술과 소금 1작은술을 넣는다.

6. 국물이 끓기 시작하면 두부를 넣고 잠깐 끓인다.

7. 굴을 넣어 굴이 동그랗게 부풀면 거품을 제거한다.

8. 다진마늘과 홍고추를 넣는다.(홍고추를 넣고 오래 끓이면 국물이 붉게 변해 좋지 않다.)

9. 완성되면 실파를 넣고 바로 불을 끄고 참기름을 두세 방울 넣는다.

10. 찌개는 모든 재료가 한눈에 보이도록 담고 찌개 국물은 1컵(200㎖)을 담는다.

NOTE 두부, 굴, 홍고추 등의 재료는 오래 끓이지 않는다.

Memo

시험시간
30분

생선찌개

지급재료

- 동태(300g) 1마리 · 무 60g · 애호박 30g · 두부 60g
- 풋고추(길이 5cm 이상) 1개 · 홍고추(생) 1개 · 쑥갓 10g
- 마늘[중(깐 것)] 2쪽 · 생강 10g · 실파(2뿌리) 40g · 고추장 30g
- 소금(정제염) 10g · 고춧가루 10g

 요구사항

※ 주어진 재료를 사용하여 생선찌개를 만드시오.

❶ 생선은 4∼5cm의 토막으로 자르시오.
❷ 무, 두부는 2.5×3.5×0.8cm로 써시오.
❸ 호박은 0.5cm 반달형, 고추는 통 어슷썰기, 쑥갓과 파는 4cm로 써시오.
❹ 고추장, 고춧가루를 사용하여 만드시오.
❺ 각 재료는 익는 순서에 따라 조리하고, 생선살이 부서지지 않도록 하시오.
❻ 생선머리를 포함하여 전량 제출하시오.

 유의사항

❶ 만드는 순서에 유의하며, 위생과 숙련된 기능평가를 위하여 조리작업 시 맛을 보지 않습니다.
❷ 지정된 수험자지참준비물 이외의 조리기구나 재료를 시험장 내에 지참할 수 없습니다.
❸ 지급재료는 시험 전 확인하여 이상이 있을 경우 시험위원으로부터 조치를 받고 시험 중에는 재료의 교환 및 추가지급은 하지 않습니다.
❹ 요구사항의 규격은 "정도"의 의미를 포함하며, 지급된 재료의 크기에 따라 가감하여 채점합니다.
❺ 위생복, 위생모, 앞치마를 착용하여야 하며, 시험장비 · 조리도구 취급 등 안전에 유의합니다.
❻ 다음 사항은 실격에 해당하여 채점 대상에서 제외됩니다.
　가) 수험자 본인이 시험 도중 시험에 대한 포기 의사를 표현하는 경우
　나) 위생복, 위생모, 앞치마, 마스크를 착용하지 않은 경우
　다) 시험시간 내에 과제 두 가지를 제출하지 못한 경우
　라) 문제의 요구사항대로 과제의 수량이 만들어지지 않은 경우
　마) 완성품을 요구사항의 과제(요리)가 아닌 다른 요리(예, 달걀말이→달걀찜)로 만든 경우
　바) 불을 사용하여 만든 조리작품이 작품특성에 벗어나는 정도로 타거나 익지 않은 경우
　사) 해당 과제의 지급재료 이외 재료를 사용하거나 요구사항의 조리기구(석쇠 등)로 완성품을 조리하지 않은 경우
　아) 지정된 수험자 지참준비물 이외의 조리기술에 영향을 줄 수 있는 기구를 사용한 경우
　자) 가스레인지 화구 2개 이상(2개 포함) 사용한 경우
　차) 시험 중 시설 · 장비(칼, 가스레인지 등) 사용 시 시험위원 및 타 수험자의 시험 진행에 위해를 일으킬 것으로 시험위원 전원이 합의하여 판단한 경우
　카) 요구사항에 표시된 실격 및 부정행위에 해당하는 경우
❼ 항목별 배점은 위생상태 및 안전관리 5점, 조리기술 30점, 작품의 평가 15점입니다.
❽ 시험시작 전 가벼운 몸 풀기(스트레칭) 동작으로 긴장을 풀고 시험을 시작합니다.

1. 무와 두부는 2.5×3.5×0.8cm, 호박은 0.5cm 두께의 반달모양, 실파는 4cm 길이로 썰어준다.

2. 쑥갓은 손으로 5cm 길이로 끊어두고 물에 담그어 시들지 않도록 한다.

3. 생선은 비늘과 지느러미를 먼저 제거하고 씻는다.

　머리를 먼저 자른 후 입 부분을 잘라 제거하고, 생선내장을 골라낸 뒤 5~6cm로 토막 내어 깨끗이 씻은 뒤 체에 밭쳐둔다.

4. 풋고추와 홍고추는 0.8cm 두께로 어슷썰기 하여 씨를 털어낸다.

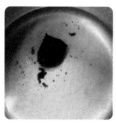   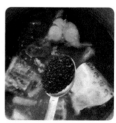

5. 냄비에 3컵의 물을 넣고 고추장 1큰술을 풀어 끓인다.

6. 국물이 끓기 시작하면 먼저 무를 넣고 무가 살짝 익으면 생선과 고춧가루 1/2큰술을 넣고 끓인다.

7. 생선이 충분히 익으면, 애호박, 두부, 다진생강, 다진마늘 순서로 넣고 소금으로 간을 한다(약 1½작은술).

8. 중간에 거품을 제거하고, 충분히 끓으면 홍고추, 풋고추를 넣고 한번 끓여준다.

9. 완성되면 실파를 넣고 한번 저어준 후 불을 끈다.

10. 찌개는 모든 재료가 한눈에 보이도록 담고 쑥갓을 얹은 후 뜨거운 국물을 끼얹어준다.

NOTE 두부, 굴, 홍고추 등의 재료는 오래 끓이지 않는다.

Memo

지급재료

- 무(길이 7cm) 120g · 소금(정제염) 5g · 고춧가루 10g
- 백설탕 10g · 식초 5㎖ · 대파[흰 부분(4cm)] 1토막
- 마늘[중(깐 것)] 1쪽 · 깨소금 5g · 생강 5g

 요구사항

※ 주어진 재료를 사용하여 무생채를 만드시오.

❶ 무는 0.2×0.2×6cm로 썰어 사용하시오.
❷ 생채는 고춧가루를 사용하시오.
❸ 무생채는 70g 이상 제출하시오.

 유의사항

❶ 만드는 순서에 유의하며, 위생과 숙련된 기능평가를 위하여 조리작업 시 맛을 보지 않습니다.
❷ 지정된 수험자지참준비물 이외의 조리기구나 재료를 시험장 내에 지참할 수 없습니다.
❸ 지급재료는 시험 전 확인하여 이상이 있을 경우 시험위원으로부터 조치를 받고 시험 중에는 재료의 교환 및 추가지급은 하지 않습니다.
❹ 요구사항의 규격은 "정도"의 의미를 포함하며, 지급된 재료의 크기에 따라 가감하여 채점합니다.
❺ 위생복, 위생모, 앞치마를 착용하여야 하며, 시험장비 · 조리도구 취급 등 안전에 유의합니다.
❻ 다음 사항은 실격에 해당하여 채점 대상에서 제외됩니다.
　가) 수험자 본인이 시험 도중 시험에 대한 포기 의사를 표현하는 경우
　나) 위생복, 위생모, 앞치마, 마스크를 착용하지 않은 경우
　다) 시험시간 내에 과제 두 가지를 제출하지 못한 경우
　라) 문제의 요구사항대로 과제의 수량이 만들어지지 않은 경우
　마) 완성품을 요구사항의 과제(요리)가 아닌 다른 요리(예, 달걀말이→달걀찜)로 만든 경우
　바) 불을 사용하여 만든 조리작품이 작품특성에 벗어나는 정도로 타거나 익지 않은 경우
　사) 해당 과제의 지급재료 이외 재료를 사용하거나 요구사항의 조리기구(석쇠 등)로 완성품을 조리하지 않은 경우
　아) 지정된 수험자 지참준비물 이외의 조리기술에 영향을 줄 수 있는 기구를 사용한 경우
　자) 가스레인지 화구 2개 이상(2개 포함) 사용한 경우
　차) 시험 중 시설 · 장비(칼, 가스레인지 등) 사용 시 시험위원 및 타 수험자의 시험 진행에 위해를 일으킬 것으로 시험위원 전원이 합의하여 판단한 경우
　카) 요구사항에 표시된 실격 및 부정행위에 해당하는 경우
❼ 항목별 배점은 위생상태 및 안전관리 5점, 조리기술 30점, 작품의 평가 15점입니다.
❽ 시험시작 전 가벼운 몸 풀기(스트레칭) 동작으로 긴장을 풀고 시험을 시작합니다.

1. 무는 깨끗이 씻어 껍질을 벗긴 후 무의 길이 방향으로 길이 6cm, 폭 0.2cm, 두께 0.2cm로 일정하게 썰어 찬물에 잠깐 담근 후 면포로 물기를 살짝 제거한다.

2. 소금 1작은술, 설탕 1큰술, 식초 1큰술, 다진파 1작은술, 마늘 1/2작은술, 생강다진 것 1/3작은술, 깨를 넣고 양념을 만든다.

3. 무에 고운 고춧가루를 넣고 미리 붉게 물을 들인다.

4. 양념을 넣고 고루 무친다.

5. 살살 무친 무생채는 접시에 흩어지지 않게 얌전히 담는다.

6. 무생채는 상에 내기 직전에 무치고 무치면서 생긴 국물은 담지 않는다.

Memo

시험시간
15분

도라지생채

지급재료

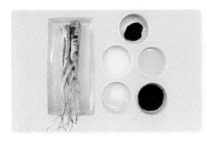

- 통도라지(껍질 있는 것) 3개 • 소금(정제염) 5g
- 고추장 20g • 백설탕 10g • 식초 15㎖
- 대파[흰 부분(4cm)] 1토막 • 마늘[중(깐 것)] 1쪽
- 깨소금 5g • 고춧가루 10g

 요구사항

※ 주어진 재료를 사용하여 도라지생채를 만드시오.

❶ 도라지의 크기는 0.3×0.3×6cm로 써시오.
❷ 생채는 고추장과 고춧가루 양념으로 무쳐 제출하시오.

 유의사항

❶ 만드는 순서에 유의하며, 위생과 숙련된 기능평가를 위하여 조리작업 시 맛을 보지 않습니다.
❷ 지정된 수험자지참준비물 이외의 조리기구나 재료를 시험장 내에 지참할 수 없습니다.
❸ 지급재료는 시험 전 확인하여 이상이 있을 경우 시험위원으로부터 조치를 받고 시험 중에는 재료의 교환 및 추가지급은 하지 않습니다.
❹ 요구사항의 규격은 "정도"의 의미를 포함하며, 지급된 재료의 크기에 따라 가감하여 채점합니다.
❺ 위생복, 위생모, 앞치마를 착용하여야 하며, 시험장비 · 조리도구 취급 등 안전에 유의합니다.
❻ 다음 사항은 실격에 해당하여 채점 대상에서 제외됩니다.
　가) 수험자 본인이 시험 도중 시험에 대한 포기 의사를 표현하는 경우
　나) 위생복, 위생모, 앞치마, 마스크를 착용하지 않은 경우
　다) 시험시간 내에 과제 두 가지를 제출하지 못한 경우
　라) 문제의 요구사항대로 과제의 수량이 만들어지지 않은 경우
　마) 완성품을 요구사항의 과제(요리)가 아닌 다른 요리(예, 달걀말이→달걀찜)로 만든 경우
　바) 불을 사용하여 만든 조리작품이 작품특성에 벗어나는 정도로 타거나 익지 않은 경우
　사) 해당 과제의 지급재료 이외 재료를 사용하거나 요구사항의 조리기구(석쇠 등)로 완성품을 조리하지 않은 경우
　아) 지정된 수험자 지참준비물 이외의 조리기술에 영향을 줄 수 있는 기구를 사용한 경우
　자) 가스레인지 화구 2개 이상(2개 포함) 사용한 경우
　차) 시험 중 시설 · 장비(칼, 가스레인지 등) 사용 시 시험위원 및 타 수험자의 시험 진행에 위해를 일으킬 것으로 시험위원 전원이 합의하여 판단한 경우
　카) 요구사항에 표시된 실격 및 부정행위에 해당하는 경우
❼ 항목별 배점은 위생상태 및 안전관리 5점, 조리기술 30점, 작품의 평가 15점입니다.
❽ 시험시작 전 가벼운 몸 풀기(스트레칭) 동작으로 긴장을 풀고 시험을 시작합니다.

1. 도라지는 깨끗이 씻어 돌려가며 껍질을 제거한다.

2. 껍질을 제거한 도라지는 길이 6×0.3cm 정도로 곱게 채 썰어 준다.

3. 채 썬 도라지는 약간의 물과 소금을 넣고 주물러 준 후 잠깐동안 담그어 쓴맛을 제거한다.

4. 쓴맛을 제거한 도라지는 찬물에 헹구어 물기를 제거한다.

5. 고추장 1큰술, 고춧가루 1작은술, 설탕 1/2큰술, 식초 1/2큰술, 다진파 1작은술, 다진마늘 1/2작은술, 깨를 넣고 양념을 만든다.

6. 양념장을 조금씩 넣어가면 도라지를 무쳐준다.

7. 도라지생채는 접시에 흩어지지 않게 소복이 담는다.

8. 도라지생채는 상에 내기 직전에 무친다.

Memo

더덕생채

지급재료

- 통더덕(껍질 있는 것, 길이 10~15cm) 2개
- 마늘[중(깐 것)] 1쪽 · 백설탕 5g · 식초 5㎖
- 대파[흰 부분(4cm)] 1토막 · 소금(정제염) 5g
- 깨소금 5g · 고춧가루 20g

 요구사항

※ 주어진 재료를 사용하여 더덕생채를 만드시오.

❶ 더덕은 5cm로 썰어 두들겨 편 후 찢어서 쓴맛을 제거하여 사용하시오.
❷ 고춧가루로 양념하고, 전량 제출하시오.

 유의사항

❶ 만드는 순서에 유의하며, 위생과 숙련된 기능평가를 위하여 조리작업 시 맛을 보지 않습니다.
❷ 지정된 수험자지참준비물 이외의 조리기구나 재료를 시험장 내에 지참할 수 없습니다.
❸ 지급재료는 시험 전 확인하여 이상이 있을 경우 시험위원으로부터 조치를 받고 시험 중에는 재료의 교환 및 추가지급은 하지 않습니다.
❹ 요구사항의 규격은 "정도"의 의미를 포함하며, 지급된 재료의 크기에 따라 가감하여 채점합니다.
❺ 위생복, 위생모, 앞치마를 착용하여야 하며, 시험장비 · 조리도구 취급 등 안전에 유의합니다.
❻ 다음 사항은 실격에 해당하여 채점 대상에서 제외됩니다.
　가) 수험자 본인이 시험 도중 시험에 대한 포기 의사를 표현하는 경우
　나) 위생복, 위생모, 앞치마, 마스크를 착용하지 않은 경우
　다) 시험시간 내에 과제 두 가지를 제출하지 못한 경우
　라) 문제의 요구사항대로 과제의 수량이 만들어지지 않은 경우
　마) 완성품을 요구사항의 과제(요리)가 아닌 다른 요리(예, 달걀말이→달걀찜)로 만든 경우
　바) 불을 사용하여 만든 조리작품이 작품특성에 벗어나는 정도로 타거나 익지 않은 경우
　사) 해당 과제의 지급재료 이외 재료를 사용하거나 요구사항의 조리기구(석쇠 등)로 완성품을 조리하지 않은 경우
　아) 지정된 수험자 지참준비물 이외의 조리기술에 영향을 줄 수 있는 기구를 사용한 경우
　자) 가스레인지 화구 2개 이상(2개 포함) 사용한 경우
　차) 시험 중 시설 · 장비(칼, 가스레인지 등) 사용 시 시험위원 및 타 수험자의 시험 진행에 위해를 일으킬 것으로 시험위원 전원이 합의하여 판단한 경우
　카) 요구사항에 표시된 실격 및 부정행위에 해당하는 경우
❼ 항목별 배점은 위생상태 및 안전관리 5점, 조리기술 30점, 작품의 평가 15점입니다.
❽ 시험시작 전 가벼운 몸 풀기(스트레칭) 동작으로 긴장을 풀고 시험을 시작합니다.

1. 더덕은 깨끗이 씻어 돌려가며 껍질을 제거한다.

2. 껍질을 제거한 더덕은 편으로 썰어 약한 소금물에 담그어 쓴맛을 제거한다.

3. 더덕은 찬물에 헹구어 물기를 제거하고 마른 면포에 놓고 두드리거나 밀어 편편하게 펴준다.

4. 꼬치를 이용하여 더덕을 가늘고 길게 찢는다.

5. 고춧가루로 먼저 더덕을 물들인다.

6. 소금 1작은술, 설탕 1/2큰술, 식초 1/2큰술, 다진파 1작은술, 다진마늘 1/2작은술, 깨를 넣고 양념을 만들어 조금씩 넣어가면서 무쳐준다.

7. 더덕생채는 뭉치지 않게 부풀려서 접시에 소복히 담는다.

8. 더덕생채는 상에 내기 직전에 무친다.

Memo

시험시간
35분

겨자채

지급재료

- 양배추(길이 5cm) 50g • 오이(가늘고 곧은 것, 길이 20cm) 1/3개
- 당근(곧은 것, 길이 7cm) 50g • 소고기(살코기, 길이 5cm) 50g
- 밤[중(생것), 껍질 간 것] 2개 • 달걀 1개
- 배[중(길이로 등분), 50g 정도 지급] 1/8개 • 백설탕 20g
- 잣(간 것) 5개 • 소금(정제염) 5g • 식초 10㎖ • 진간장 5㎖
- 겨잣가루 6g • 식용유 10㎖

 요구사항

※ 주어진 재료를 사용하여 겨자채를 만드시오.

❶ 채소, 편육, 황백지단, 배는 0.3×1×4cm로 써시오.
❷ 밤은 모양대로 납작하게 써시오.
❸ 겨자는 발효시켜 매운맛이 나도록 하여 간을 맞춘 후 재료를 무쳐서 담고, 통잣을 고명으로 올리시오.

 유의사항

❶ 만드는 순서에 유의하며, 위생과 숙련된 기능평가를 위하여 조리작업 시 맛을 보지 않습니다.
❷ 지정된 수험자지참준비물 이외의 조리기구나 재료를 시험장 내에 지참할 수 없습니다.
❸ 지급재료는 시험 전 확인하여 이상이 있을 경우 시험위원으로부터 조치를 받고 시험 중에는 재료의 교환 및 추가지급은 하지 않습니다.
❹ 요구사항의 규격은 "정도"의 의미를 포함하며, 지급된 재료의 크기에 따라 가감하여 채점합니다.
❺ 위생복, 위생모, 앞치마를 착용하여야 하며, 시험장비 · 조리도구 취급 등 안전에 유의합니다.
❻ 다음 사항은 실격에 해당하여 채점 대상에서 제외됩니다.
　가) 수험자 본인이 시험 도중 시험에 대한 포기 의사를 표현하는 경우
　나) 위생복, 위생모, 앞치마, 마스크를 착용하지 않은 경우
　다) 시험시간 내에 과제 두 가지를 제출하지 못한 경우
　라) 문제의 요구사항대로 과제의 수량이 만들어지지 않은 경우
　마) 완성품을 요구사항의 과제(요리)가 아닌 다른 요리(예, 달걀말이→달걀찜)로 만든 경우
　바) 불을 사용하여 만든 조리작품이 작품특성에 벗어나는 정도로 타거나 익지 않은 경우
　사) 해당 과제의 지급재료 이외 재료를 사용하거나 요구사항의 조리기구(석쇠 등)로 완성품을 조리하지 않은 경우
　아) 지정된 수험자 지참준비물 이외의 조리기술에 영향을 줄 수 있는 기구를 사용한 경우
　자) 가스레인지 화구 2개 이상(2개 포함) 사용한 경우
　차) 시험 중 시설 · 장비(칼, 가스레인지 등) 사용 시 시험위원 및 타 수험자의 시험 진행에 위해를 일으킬 것으로 시험위원 전원이 합의하여 판단한 경우
　카) 요구사항에 표시된 실격 및 부정행위에 해당하는 경우
❼ 항목별 배점은 위생상태 및 안전관리 5점, 조리기술 30점, 작품의 평가 15점입니다.
❽ 시험시작 전 가벼운 몸 풀기(스트레칭) 동작으로 긴장을 풀고 시험을 시작합니다.

1. 소고기 핏물을 제거한 후 끓는물에 넣고 속까지 익혀준 후 건져 무거운 것으로 눌러 모양을 잡아준다.

2. 겨자는 겨잣가루 1큰술과 따뜻한 물 2/3큰술을 넣고 개어 소고기 삶는 동안 뚜껑에 엎어 매운맛을 낸다.

3. 매운맛이 난 겨자는 설탕 1큰술, 식초 1큰술, 물 1큰술, 소금 약간, 간장 약간 넣어 겨자장을 만든다.

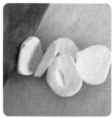

4. 고기는 식으면 4×1×0.3cm로 썰고 밤은 모양대로 얇게 편을 썬다.

5. 달걀은 황백지단을 부쳐서 4×1×0.3cm로 썰어준다.

6. 당근과 양배추도 4×1×0.3cm로 썰고, 오이는 삼발래로 썰어 푸른 부분만 같은 크기로 썬다.

7. 썰어 놓은 채소는 모두 찬물에 담가 싱싱하게 한다.

8. 배도 같은 크기로 썰어 변색되지 않도록 설탕물에 담근다.

9. 겨자장에 물기를 제거한 모든 재료를 고루 섞어 주고 그릇에 모양 있게 담은 뒤 잣고명을 올려준다.

Memo

시험시간
20분

육회

지급재료

- 소고기(살코기) 90g • 배(중, 100g) 1/4개 • 잣(깐 것) 5개
- 소금(정제염) 5g • 마늘[중(깐 것)] 3쪽
- 대파[흰 부분(4cm)] 2토막 • 검은 후춧가루 2g • 참기름 10㎖
- 백설탕 30g • 깨소금 5g

 요구사항

※ 주어진 재료를 사용하여 육회를 만드시오.

❶ 소고기는 0.3×0.3×6cm로 썰어 소금 양념으로 하시오.
❷ 배는 0.3×0.3×5cm로 변색되지 않게 하여 가장자리에 돌려 담으시오.
❸ 마늘은 편으로 썰어 장식하고 잣가루를 고명으로 얹으시오.
❹ 소고기는 손질하여 전량 사용하시오.

 유의사항

❶ 만드는 순서에 유의하며, 위생과 숙련된 기능평가를 위하여 조리작업 시 맛을 보지 않습니다.
❷ 지정된 수험자지참준비물 이외의 조리기구나 재료를 시험장 내에 지참할 수 없습니다.
❸ 지급재료는 시험 전 확인하여 이상이 있을 경우 시험위원으로부터 조치를 받고 시험 중에는 재료의 교환 및 추가지급은 하지 않습니다.
❹ 요구사항의 규격은 "정도"의 의미를 포함하며, 지급된 재료의 크기에 따라 가감하여 채점합니다.
❺ 위생복, 위생모, 앞치마를 착용하여야 하며, 시험장비 · 조리도구 취급 등 안전에 유의합니다.
❻ 다음 사항은 실격에 해당하여 채점 대상에서 제외됩니다.
    가) 수험자 본인이 시험 도중 시험에 대한 포기 의사를 표현하는 경우
    나) 위생복, 위생모, 앞치마, 마스크를 착용하지 않은 경우
    다) 시험시간 내에 과제 두 가지를 제출하지 못한 경우
    라) 문제의 요구사항대로 과제의 수량이 만들어지지 않은 경우
    마) 완성품을 요구사항의 과제(요리)가 아닌 다른 요리(예, 달걀말이→달걀찜)로 만든 경우
    바) 불을 사용하여 만든 조리작품이 작품특성에 벗어나는 정도로 타거나 익지 않은 경우
    사) 해당 과제의 지급재료 이외 재료를 사용하거나 요구사항의 조리기구(석쇠 등)로 완성품을 조리하지 않은 경우
    아) 지정된 수험자 지참준비물 이외의 조리기술에 영향을 줄 수 있는 기구를 사용한 경우
    자) 가스레인지 화구 2개 이상(2개 포함) 사용한 경우
    차) 시험 중 시설 · 장비(칼, 가스레인지 등) 사용 시 시험위원 및 타 수험자의 시험 진행에 위해를 일으킬 것으로 시험위원 전원이 합의하여 판단한 경우
    카) 요구사항에 표시된 실격 및 부정행위에 해당하는 경우
❼ 항목별 배점은 위생상태 및 안전관리 5점, 조리기술 30점, 작품의 평가 15점입니다.
❽ 시험시작 전 가벼운 몸 풀기(스트레칭) 동작으로 긴장을 풀고 시험을 시작합니다.

1. 소고기는 핏물과 기름기를 제거한 다음 결 반대 방향으로 6×0.3×0.3cm로 가늘게 채 썬다.

2. 채 썬 소고기는 참기름 1작은술, 설탕 1작은술로 버무려 둔다.

3. 마늘 일부는 편을 썰고 나머지는 다져서 소금 1작은술, 설탕 1/2작은술, 참기름 1/2작은술, 다진파 1작은술, 다진마늘 1/2작은술, 깨, 후춧가루로 양념장을 만들어 소고기를 양념한다.

4. 배는 6×0.3×0.3cm로 채 썰어 설탕물에 담가 둔다.

5. 배의 물기를 제거하고 접시의 가장자리에 모양 있게 돌려 담는다.

6. 접시 중앙에 양념한 소고기를 담고 고기 아랫부분에 마늘편을 모양 있게 담는다.

7. 고기 윗부분에 잣가루를 뿌린다.(잣가루는 종이 끝을 접어서 젓가락으로 살살 내려주면 예쁘게 담을
수 있다.)

Memo

시험시간
35분

미나리강회

지급재료

- 소고기(살코기, 길이 7cm) 80g • 미나리(줄기 부분) 30g
- 홍고추(생) 1개 • 달걀 2개 • 고추장 15g • 식초 5㎖ • 백설탕 5g
- 소금(정제염) 5g • 식용유 10㎖

 요구사항

※ 주어진 재료를 사용하여 미나리강회를 만드시오.

❶ 강회의 폭은 1.5cm, 길이는 5cm로 만드시오.
❷ 붉은 고추의 폭은 0.5cm, 길이는 4cm로 만드시오.
❸ 달걀은 황·백지단으로 사용하시오.
❹ 강회는 8개 만들어 초고추장과 함께 제출하시오.

 유의사항

❶ 만드는 순서에 유의하며, 위생과 숙련된 기능평가를 위하여 조리작업 시 맛을 보지 않습니다.
❷ 지정된 수험자지참준비물 이외의 조리기구나 재료를 시험장 내에 지참할 수 없습니다.
❸ 지급재료는 시험 전 확인하여 이상이 있을 경우 시험위원으로부터 조치를 받고 시험 중에는 재료의 교환 및 추가지급은 하지 않습니다.
❹ 요구사항의 규격은 "정도"의 의미를 포함하며, 지급된 재료의 크기에 따라 가감하여 채점합니다.
❺ 위생복, 위생모, 앞치마를 착용하여야 하며, 시험장비·조리도구 취급 등 안전에 유의합니다.
❻ 다음 사항은 실격에 해당하여 채점 대상에서 제외됩니다.
   가) 수험자 본인이 시험 도중 시험에 대한 포기 의사를 표현하는 경우
   나) 위생복, 위생모, 앞치마, 마스크를 착용하지 않은 경우
   다) 시험시간 내에 과제 두 가지를 제출하지 못한 경우
   라) 문제의 요구사항대로 과제의 수량이 만들어지지 않은 경우
   마) 완성품을 요구사항의 과제(요리)가 아닌 다른 요리(예, 달걀말이→달걀찜)로 만든 경우
   바) 불을 사용하여 만든 조리작품이 작품특성에 벗어나는 정도로 타거나 익지 않은 경우
   사) 해당 과제의 지급재료 이외 재료를 사용하거나 요구사항의 조리기구(석쇠 등)로 완성품을 조리하지 않은 경우
   아) 지정된 수험자 지참준비물 이외의 조리기술에 영향을 줄 수 있는 기구를 사용한 경우
   자) 가스레인지 화구 2개 이상(2개 포함) 사용한 경우
   차) 시험 중 시설·장비(칼, 가스레인지 등) 사용 시 시험위원 및 타 수험자의 시험 진행에 위해를 일으킬 것으로 시험위원 전원이 합의하여 판단한 경우
   카) 요구사항에 표시된 실격 및 부정행위에 해당하는 경우
❼ 항목별 배점은 위생상태 및 안전관리 5점, 조리기술 30점, 작품의 평가 15점입니다.
❽ 시험시작 전 가벼운 몸 풀기(스트레칭) 동작으로 긴장을 풀고 시험을 시작합니다.

1. 소고기는 핏물을 제거하고 끓는물에 삶아 무거운 것으로 눌러 놓았다가 식으면 폭 1.5cm, 두께 0.3cm, 길이 5cm의 편육으로 썰어준다.

2. 미나리는 다듬어서 줄기만 끓는 소금물에 데친 후 찬물에 헹구어 물기를 제거한 후 굵은 것은 길이로 반을 갈라 준비한다.

3. 달걀은 황백지단을 두껍게 부쳐서 소고기와 같은 크기로 썰어준다.(황백지단을 겹쳐서 썰어주면 크기를 일정하게 하기 쉽다.)

4. 홍고추는 씨를 제거하고 폭 0.5cm, 길이 4cm로 썬다.

5. 편육, 백지단, 황지단, 홍고추 순서로 포개고 미나리를 가운데로 3~4번 감아준다.

6. 미나리 끝부분은 편육 뒤쪽이나 옆쪽에서 꼬치로 마무리한다.

7. 고추장 1큰술, 설탕 1큰술, 식초 1큰술, 물 1/2큰술을 넣고 초고추장을 만들어 곁들인다.

Memo

시험시간
20분

표고전

지급재료

- 건표고버섯(지름 2.5~4cm, 부서지지 않은 것을 불려서 지급) 5개 • 소고기(살코기) 30g • 두부 15g • 밀가루(중력분) 20g
- 달걀 1개 • 대파[흰 부분(4cm)] 1토막 • 검은 후춧가루 1g
- 참기름 5㎖ • 소금(정제염) 5g • 깨소금 5g • 마늘[중(깐 것)] 1쪽
- 식용유 20㎖ • 진간장 5㎖ • 백설탕 5g

 요구사항

※ 주어진 재료를 사용하여 표고전을 만드시오.

❶ 표고버섯과 속은 각각 양념하여 사용하시오.
❷ 표고전은 5개를 제출하시오.

 유의사항

❶ 만드는 순서에 유의하며, 위생과 숙련된 기능평가를 위하여 조리작업 시 맛을 보지 않습니다.
❷ 지정된 수험자지참준비물 이외의 조리기구나 재료를 시험장 내에 지참할 수 없습니다.
❸ 지급재료는 시험 전 확인하여 이상이 있을 경우 시험위원으로부터 조치를 받고 시험 중에는 재료의 교환 및 추가지급은 하지 않습니다.
❹ 요구사항의 규격은 "정도"의 의미를 포함하며, 지급된 재료의 크기에 따라 가감하여 채점합니다.
❺ 위생복, 위생모, 앞치마를 착용하여야 하며, 시험장비 · 조리도구 취급 등 안전에 유의합니다.
❻ 다음 사항은 실격에 해당하여 채점 대상에서 제외됩니다.
　가) 수험자 본인이 시험 도중 시험에 대한 포기 의사를 표현하는 경우
　나) 위생복, 위생모, 앞치마, 마스크를 착용하지 않은 경우
　다) 시험시간 내에 과제 두 가지를 제출하지 못한 경우
　라) 문제의 요구사항대로 과제의 수량이 만들어지지 않은 경우
　마) 완성품을 요구사항의 과제(요리)가 아닌 다른 요리(예, 달걀말이→달걀찜)로 만든 경우
　바) 불을 사용하여 만든 조리작품이 작품특성에 벗어나는 정도로 타거나 익지 않은 경우
　사) 해당 과제의 지급재료 이외 재료를 사용하거나 요구사항의 조리기구(석쇠 등)로 완성품을 조리하지 않은 경우
　아) 지정된 수험자 지참준비물 이외의 조리기술에 영향을 줄 수 있는 기구를 사용한 경우
　자) 가스레인지 화구 2개 이상(2개 포함) 사용한 경우
　차) 시험 중 시설 · 장비(칼, 가스레인지 등) 사용 시 시험위원 및 타 수험자의 시험 진행에 위해를 일으킬 것으로 시험위원 전원이 합의하여 판단한 경우
　카) 요구사항에 표시된 실격 및 부정행위에 해당하는 경우
❼ 항목별 배점은 위생상태 및 안전관리 5점, 조리기술 30점, 작품의 평가 15점입니다.
❽ 시험시작 전 가벼운 몸 풀기(스트레칭) 동작으로 긴장을 풀고 시험을 시작합니다.

1. 소고기는 종이타월을 이용하여 핏물을 제거한다.
2. 불린 표고버섯은 기둥과 물기를 제거하고 안쪽은 자근자근 두드려 평평하게 만든 후 간장 2작은술, 설탕 1작은술, 참기름 1작은술로 양념하여 재운다.
3. 소고기는 다져서 물기 제거하여 으깬 두부와 합하여 소금 1작은술, 설탕 1/2작은술, 다진파 1작은술, 다진마늘 1/2작은술, 참기름, 후춧가루, 깨를 넣고 양념한다.
4. 달걀은 황백으로 나눈 후 노른자에 흰자를 소량만 첨가하고 소금을 약간 넣어 잘 풀어준다.

5. 표고버섯 안쪽에만 밀가루를 묻히고 소를 편평하게 넣은 후 소를 넣은 부분만 밀가루와 달걀물(노른자를 많이 한다)을 입힌다.
6. 팬에 기름을 소량만 두르고 표고버섯을 눌러가면서 익힌다.
7. 어느 정도 모양이 잡히면 기름을 조금 넉넉히 두르고 속까지 완전히 익혀준다.
8. 지지는 동안 표고버섯 검은 부분에 밀가루나 달걀물이 묻지 않도록 조심하고, 묻은 부위는 기름 묻힌 종이타월로 닦아낸다.

9. 지져낸 표고전은 종이타월 위에 놓고 여분의 기름을 제거한 후 접시에 모양 있게 담아낸다.

Memo

시험시간
25분

풋고추전

지급재료

- 풋고추(길이 11cm 이상) 2개 · 소고기(살코기) 30g · 두부 15g
- 밀가루(중력분) 15g · 달걀 1개 · 대파[흰 부분(4cm)] 1토막
- 검은 후춧가루 1g · 참기름 5㎖ · 소금(정제염) 5g · 깨소금 5g
- 마늘[중(깐 것)] 1쪽 · 식용유 20㎖ · 백설탕 5g

 요구사항

※ 주어진 재료를 사용하여 풋고추전을 만드시오.

❶ 풋고추는 5cm 길이로, 소를 넣어 지져 내시오.
❷ 풋고추는 잘라 데쳐서 사용하며, 완성된 풋고추전은 8개를 제출하시오.

 유의사항

❶ 만드는 순서에 유의하며, 위생과 숙련된 기능평가를 위하여 조리작업 시 맛을 보지 않습니다.
❷ 지정된 수험자지참준비물 이외의 조리기구나 재료를 시험장 내에 지참할 수 없습니다.
❸ 지급재료는 시험 전 확인하여 이상이 있을 경우 시험위원으로부터 조치를 받고 시험 중에는 재료의 교환 및 추가지급은 하지 않습니다.
❹ 요구사항의 규격은 "정도"의 의미를 포함하며, 지급된 재료의 크기에 따라 가감하여 채점합니다.
❺ 위생복, 위생모, 앞치마를 착용하여야 하며, 시험장비 · 조리도구 취급 등 안전에 유의합니다.
❻ 다음 사항은 실격에 해당하여 채점 대상에서 제외됩니다.
　가) 수험자 본인이 시험 도중 시험에 대한 포기 의사를 표현하는 경우
　나) 위생복, 위생모, 앞치마, 마스크를 착용하지 않은 경우
　다) 시험시간 내에 과제 두 가지를 제출하지 못한 경우
　라) 문제의 요구사항대로 과제의 수량이 만들어지지 않은 경우
　마) 완성품을 요구사항의 과제(요리)가 아닌 다른 요리(예, 달걀말이→달걀찜)로 만든 경우
　바) 불을 사용하여 만든 조리작품이 작품특성에 벗어나는 정도로 타거나 익지 않은 경우
　사) 해당 과제의 지급재료 이외 재료를 사용하거나 요구사항의 조리기구(석쇠 등)로 완성품을 조리하지 않은 경우
　아) 지정된 수험자 지참준비물 이외의 조리기술에 영향을 줄 수 있는 기구를 사용한 경우
　자) 가스레인지 화구 2개 이상(2개 포함) 사용한 경우
　차) 시험 중 시설 · 장비(칼, 가스레인지 등) 사용 시 시험위원 및 타 수험자의 시험 진행에 위해를 일으킬 것으로 시험위원 전원이 합의하여 판단한 경우
　카) 요구사항에 표시된 실격 및 부정행위에 해당하는 경우
❼ 항목별 배점은 위생상태 및 안전관리 5점, 조리기술 30점, 작품의 평가 15점입니다.
❽ 시험시작 전 가벼운 몸 풀기(스트레칭) 동작으로 긴장을 풀고 시험을 시작합니다.

1. 소고기는 종이타월을 이용하여 핏물을 제거한다.

2. 풋고추는 길이로 반을 갈라 5cm 길이로 풋고추 모양을 살려 자른 후 씨와 속을 제거한다.

3. 풋고추는 끓는물에 소금을 약간 넣고 데친 후 찬물에 헹구어 물기를 제거한다.

4. 소고기는 다져서 물기 제거하여 으깬 두부와 합하여 소금 1작은술, 설탕 1/2작은술, 다진파 1작은술, 다진마늘 1/2작은술, 참기름, 후춧가루, 깨를 넣고 양념한다.

5. 달걀은 황백으로 나눈 후 노른자에 흰자를 소량만 첨가하고 소금을 약간 넣어 잘 풀어준다.

6. 풋고추 안쪽에만 밀가루를 묻히고 소를 편평하게 넣은 후 소를 넣은 부분만 밀가루와 달걀물(노른자를 많이 한다)을 입힌다.

7. 팬에 기름을 소량만 두르고 풋고추를 익힌다.

8. 어느 정도 모양이 잡히면 기름을 조금 넉넉히 두르고 속까지 완전히 익혀준다. 겉면은 살짝만 지져준다.

9. 지지는 동안 풋고추 겉면에 밀가루나 달걀물이 묻지 않도록 조심하고, 묻은 부위는 기름 묻힌 종이타월로 닦아낸다.

10. 지져낸 풋고추전은 종이타월 위에 놓고 여분의 기름을 제거한 후 접시에 모양 있게 담아낸다.

Memo

시험시간
20분

육원전

- 소고기(살코기) 70g · 두부 30g · 밀가루(중력분) 20g · 달걀 1개
- 대파[흰 부분(4cm)] 1토막 · 검은 후춧가루 2g · 참기름 5㎖
- 소금(정제염) 5g · 마늘[중(깐 것)] 1쪽 · 식용유 30㎖
- 깨소금 5g · 설탕 5g

 요구사항

※ 주어진 재료를 사용하여 육원전을 만드시오.

❶ 육원전은 지름이 4cm, 두께 0.7cm가 되도록 하시오.
❷ 달걀은 흰자, 노른자를 혼합하여 사용하시오.
❸ 육원전은 6개를 제출하시오.

 유의사항

❶ 만드는 순서에 유의하며, 위생과 숙련된 기능평가를 위하여 조리작업 시 맛을 보지 않습니다.
❷ 지정된 수험자지참준비물 이외의 조리기구나 재료를 시험장 내에 지참할 수 없습니다.
❸ 지급재료는 시험 전 확인하여 이상이 있을 경우 시험위원으로부터 조치를 받고 시험 중에는 재료의 교환 및 추가지급은 하지 않습니다.
❹ 요구사항의 규격은 "정도"의 의미를 포함하며, 지급된 재료의 크기에 따라 가감하여 채점합니다.
❺ 위생복, 위생모, 앞치마를 착용하여야 하며, 시험장비 · 조리도구 취급 등 안전에 유의합니다.
❻ 다음 사항은 실격에 해당하여 채점 대상에서 제외됩니다.
  가) 수험자 본인이 시험 도중 시험에 대한 포기 의사를 표현하는 경우
  나) 위생복, 위생모, 앞치마, 마스크를 착용하지 않은 경우
  다) 시험시간 내에 과제 두 가지를 제출하지 못한 경우
  라) 문제의 요구사항대로 과제의 수량이 만들어지지 않은 경우
  마) 완성품을 요구사항의 과제(요리)가 아닌 다른 요리(예, 달걀말이→달걀찜)로 만든 경우
  바) 불을 사용하여 만든 조리작품이 작품특성에 벗어나는 정도로 타거나 익지 않은 경우
  사) 해당 과제의 지급재료 이외 재료를 사용하거나 요구사항의 조리기구(석쇠 등)로 완성품을 조리하지 않은 경우
  아) 지정된 수험자 지참준비물 이외의 조리기술에 영향을 줄 수 있는 기구를 사용한 경우
  자) 가스레인지 화구 2개 이상(2개 포함) 사용한 경우
  차) 시험 중 시설 · 장비(칼, 가스레인지 등) 사용 시 시험위원 및 타 수험자의 시험 진행에 위해를 일으킬 것으로 시험위원 전원이 합의하여 판단한 경우
  카) 요구사항에 표시된 실격 및 부정행위에 해당하는 경우
❼ 항목별 배점은 위생상태 및 안전관리 5점, 조리기술 30점, 작품의 평가 15점입니다.
❽ 시험시작 전 가벼운 몸 풀기(스트레칭) 동작으로 긴장을 풀고 시험을 시작합니다.

1. 소고기는 종이타월을 이용하여 핏물을 제거한다.
2. 소고기는 다져서 물기 제거하여 으깬 두부와 합하여 소금 1작은술, 설탕 1/2작은술, 다진파 1작은술,
   다진마늘 1/2작은술, 참기름, 후춧가루, 깨를 넣고 양념한다.
3. 달걀은 황백으로 나눈 후 노른자에 흰자를 가능한 적은 양만 첨가하고 소금을 약간 넣어 잘 풀어준다.

4. 양념한 재료는 직경 3.5cm, 두께 0.5cm 정도로 둥글납작하게 완자를 빚어 가운데는 약간만 눌러
   준다.
5. 완자에 밀가루를 묻히고 잘 털어준다.
6. 완자에 달걀물을 골고루 입혀 팬에 기름을 소량만 두르고 완자를 익힌다.
7. 어느 정도 모양이 잡히면 기름을 조금 넉넉히 두르고 속까지 완전히 익혀준다.

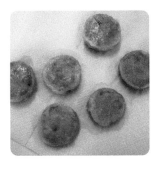

8. 지져낸 육원전은 종이타월 위에 놓고 여분의 기름을 제거한 후 접시에 모양 있게 담아낸다.

시험시간
25분

생선전

지급재료

• 동태(400g) 1마리 • 밀가루(중력분) 30g • 달걀 1개
• 소금(정제염) 10g • 흰 후춧가루 2g • 식용유 50㎖

 요구사항

※ 주어진 재료를 사용하여 생선전을 만드시오.

❶ 생선은 세 장 뜨기하여 껍질을 벗겨 포를 뜨시오.
❷ 생선전은 0.5×5×4cm로 만드시오.
❸ 달걀은 흰자, 노른자를 혼합하여 사용하시오.
❹ 생선전은 8개 제출하시오.

 유의사항

❶ 만드는 순서에 유의하며, 위생과 숙련된 기능평가를 위하여 조리작업 시 맛을 보지 않습니다.
❷ 지정된 수험자지참준비물 이외의 조리기구나 재료를 시험장 내에 지참할 수 없습니다.
❸ 지급재료는 시험 전 확인하여 이상이 있을 경우 시험위원으로부터 조치를 받고 시험 중에는 재료의 교환 및
추가지급은 하지 않습니다.
❹ 요구사항의 규격은 "정도"의 의미를 포함하며, 지급된 재료의 크기에 따라 가감하여 채점합니다.
❺ 위생복, 위생모, 앞치마를 착용하여야 하며, 시험장비 · 조리도구 취급 등 안전에 유의합니다.
❻ 다음 사항은 실격에 해당하여 채점 대상에서 제외됩니다.
　가) 수험자 본인이 시험 도중 시험에 대한 포기 의사를 표현하는 경우
　나) 위생복, 위생모, 앞치마, 마스크를 착용하지 않은 경우
　다) 시험시간 내에 과제 두 가지를 제출하지 못한 경우
　라) 문제의 요구사항대로 과제의 수량이 만들어지지 않은 경우
　마) 완성품을 요구사항의 과제(요리)가 아닌 다른 요리(예, 달걀말이→달걀찜)로 만든 경우
　바) 불을 사용하여 만든 조리작품이 작품특성에 벗어나는 정도로 타거나 익지 않은 경우
　사) 해당 과제의 지급재료 이외 재료를 사용하거나 요구사항의 조리기구(석쇠 등)로 완성품을 조리하지 않은
　　경우
　아) 지정된 수험자 지참준비물 이외의 조리기술에 영향을 줄 수 있는 기구를 사용한 경우
　자) 가스레인지 화구 2개 이상(2개 포함) 사용한 경우
　차) 시험 중 시설 · 장비(칼, 가스레인지 등) 사용 시 시험위원 및 타 수험자의 시험 진행에 위해를 일으킬 것으
　　로 시험위원 전원이 합의하여 판단한 경우
　카) 요구사항에 표시된 실격 및 부정행위에 해당하는 경우
❼ 항목별 배점은 위생상태 및 안전관리 5점, 조리기술 30점, 작품의 평가 15점입니다.
❽ 시험시작 전 가벼운 몸 풀기(스트레칭) 동작으로 긴장을 풀고 시험을 시작합니다.

1. 동태는 지느러미, 비늘, 내장을 제거하고 깨끗이 씻어 물기를 제거한 후 3장 포뜨기를 한다.

2. 생선의 껍질을 제거한다.

3. 생선은 꼬리부터 6×5×0.4cm 정도로 포를 떠서 물기를 제거하고 소금, 후추를 뿌려둔다.

4. 생선의 물기를 다시 한번 제거하고 밀가루를 묻힌 후 잘 털어준다.

5. 달걀은 소금을 약간 넣어 잘 풀어 밀가루 묻힌 생선에 달걀물을 골고루 입힌다.

6. 팬에 기름을 소량만 두르고 생선전 겉면을 먼저 익힌다.

7. 어느 정도 모양이 잡히면 기름을 조금 넉넉히 두르고 속까지 완전히 익혀준다

8. 지져낸 생선전은 종이타월 위에 놓고 여분의 기름을 제거한 후 접시에 모양 있게 담아낸다.

Memo

섭산적

지급재료

- 소고기(살코기) 80g • 두부 30g • 대파[흰 부분(4cm)] 1토막
- 마늘[중(깐 것)] 1쪽 • 소금(정제염) 5g • 백설탕 10g • 깨소금 5g
- 참기름 5㎖ • 검은 후춧가루 2g • 잣(깐 것) 10개 • 식용유 30㎖

 요구사항

※ 주어진 재료를 사용하여 섭산적을 만드시오.

❶ 고기와 두부의 비율을 3 : 1로 하시오.
❷ 다져서 양념한 소고기는 크게 반대기를 지어 석쇠에 구우시오.
❸ 완성된 섭산적은 0.7×2×2cm로 9개 이상 제출하시오.
❹ 잣가루를 고명으로 얹으시오.

 유의사항

❶ 만드는 순서에 유의하며, 위생과 숙련된 기능평가를 위하여 조리작업 시 맛을 보지 않습니다.
❷ 지정된 수험자지참준비물 이외의 조리기구나 재료를 시험장 내에 지참할 수 없습니다.
❸ 지급재료는 시험 전 확인하여 이상이 있을 경우 시험위원으로부터 조치를 받고 시험 중에는 재료의 교환 및 추가지급은 하지 않습니다.
❹ 요구사항의 규격은 "정도"의 의미를 포함하며, 지급된 재료의 크기에 따라 가감하여 채점합니다.
❺ 위생복, 위생모, 앞치마를 착용하여야 하며, 시험장비 · 조리도구 취급 등 안전에 유의합니다.
❻ 다음 사항은 실격에 해당하여 채점 대상에서 제외됩니다.
　　가) 수험자 본인이 시험 도중 시험에 대한 포기 의사를 표현하는 경우
　　나) 위생복, 위생모, 앞치마, 마스크를 착용하지 않은 경우
　　다) 시험시간 내에 과제 두 가지를 제출하지 못한 경우
　　라) 문제의 요구사항대로 과제의 수량이 만들어지지 않은 경우
　　마) 완성품을 요구사항의 과제(요리)가 아닌 다른 요리(예, 달걀말이→달걀찜)로 만든 경우
　　바) 불을 사용하여 만든 조리작품이 작품특성에 벗어나는 정도로 타거나 익지 않은 경우
　　사) 해당 과제의 지급재료 이외 재료를 사용하거나 요구사항의 조리기구(석쇠 등)로 완성품을 조리하지 않은 경우
　　아) 지정된 수험자 지참준비물 이외의 조리기술에 영향을 줄 수 있는 기구를 사용한 경우
　　자) 가스레인지 화구 2개 이상(2개 포함) 사용한 경우
　　차) 시험 중 시설 · 장비(칼, 가스레인지 등) 사용 시 시험위원 및 타 수험자의 시험 진행에 위해를 일으킬 것으로 시험위원 전원이 합의하여 판단한 경우
　　카) 요구사항에 표시된 실격 및 부정행위에 해당하는 경우
❼ 항목별 배점은 위생상태 및 안전관리 5점, 조리기술 30점, 작품의 평가 15점입니다.
❽ 시험시작 전 가벼운 몸 풀기(스트레칭) 동작으로 긴장을 풀고 시험을 시작합니다.

만드는 방법과 순서

1. 소고기 힘줄과 기름을 제거하고 곱게 다진다.

2. 두부는 깨끗이 씻어 물기를 제거하고 곱게 으깬다.

3. 소고기와 으깬 두부를 합하여 소금 1작은술, 설탕 1/3작은술, 다진파 1작은술, 다진마늘 1/2작은술, 참기름, 후춧가루, 깨를 넣고 양념한다.(깨를 많이 넣으면 모양이 흐트러지기 쉽다.)

4. 양념한 고기는 끈기가 나도록 치대어 준다.

5. 잘 치대어준 고기는 두께 0.5cm가 되도록 잘 두드리면서 네모지게 반대기를 지은 후 윗면에 가로세로 잔칼집을 살짝 넣는다.

6. 석쇠를 달군 후 식용유를 바르고 반대기를 석쇠 위에 놓고 타지 않게 속까지 굽는다.

7. 구운 섭산적은 식으면 가로와 세로가 각각 2cm가 되도록 네모나게 썰어준다.

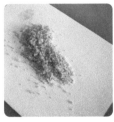

8. 잣은 종이 위에서 곱게 다져 잣가루를 준비한다.

9. 섭산적은 접시 위에 9개를 가지런히 놓고 그 위에 잣가루를 뿌려준다.(잣가루는 종이 끝을 접어서 젓가락으로 살살 내려주면 예쁘게 담을 수 있다.)

Memo

시험시간
35분

화양적

지급재료

- 소고기[살코기(길이 7cm)] 50g · 건표고버섯(지름 5cm, 물에 불린 것, 부서지지 않은 것) 1개 · 당근(곧은 것, 길이 7cm) 50g
- 오이(곧은 것, 길이 20cm) 1/2개 · 통도라지(껍질 있는 것, 길이 20cm 정도) 1개 · 산적꼬치(길이 8∼9cm) 2개 · 진간장 5㎖
- 대파[흰 부분(4cm)] 1토막 · 마늘[중(깐 것)] 1쪽 · 소금(정제염) 5g
- 백설탕 5g · 깨소금 5g · 참기름 5㎖ · 검은 후춧가루 2g
- 잣(깐 것) 10개 · 달걀 2개 · 식용유 30㎖

 요구사항

※ 주어진 재료를 사용하여 화양적을 만드시오.

❶ 화양적은 0.6×6×6cm로 만드시오.
❷ 달걀 노른자로 지단을 만들어 사용하시오.
　※ 단, 달걀흰자 지단을 사용하는 경우 실격 처리
❸ 화양적은 2꼬치를 만들고 잣가루를 고명으로 얹으시오.

 유의사항

❶ 만드는 순서에 유의하며, 위생과 숙련된 기능평가를 위하여 조리작업 시 맛을 보지 않습니다.
❷ 지정된 수험자지참준비물 이외의 조리기구나 재료를 시험장 내에 지참할 수 없습니다.
❸ 지급재료는 시험 전 확인하여 이상이 있을 경우 시험위원으로부터 조치를 받고 시험 중에는 재료의 교환 및 추가지급은 하지 않습니다.
❹ 요구사항의 규격은 "정도"의 의미를 포함하며, 지급된 재료의 크기에 따라 가감하여 채점합니다.
❺ 위생복, 위생모, 앞치마를 착용하여야 하며, 시험장비 · 조리도구 취급 등 안전에 유의합니다.
❻ 다음 사항은 실격에 해당하여 채점 대상에서 제외됩니다.
　가) 수험자 본인이 시험 도중 시험에 대한 포기 의사를 표현하는 경우
　나) 위생복, 위생모, 앞치마, 마스크를 착용하지 않은 경우
　다) 시험시간 내에 과제 두 가지를 제출하지 못한 경우
　라) 문제의 요구사항대로 과제의 수량이 만들어지지 않은 경우
　마) 완성품을 요구사항의 과제(요리)가 아닌 다른 요리(예, 달걀말이→달걀찜)로 만든 경우
　바) 불을 사용하여 만든 조리작품이 작품특성에 벗어나는 정도로 타거나 익지 않은 경우
　사) 해당 과제의 지급재료 이외 재료를 사용하거나 요구사항의 조리기구(석쇠 등)로 완성품을 조리하지 않은 경우
　아) 지정된 수험자 지참준비물 이외의 조리기술에 영향을 줄 수 있는 기구를 사용한 경우
　자) 가스레인지 화구 2개 이상(2개 포함) 사용한 경우
　차) 시험 중 시설 · 장비(칼, 가스레인지 등) 사용 시 시험위원 및 타 수험자의 시험 진행에 위해를 일으킬 것으로 시험위원 전원이 합의하여 판단한 경우
　카) 요구사항에 표시된 실격 및 부정행위에 해당하는 경우
❼ 항목별 배점은 위생상태 및 안전관리 5점, 조리기술 30점, 작품의 평가 15점입니다.
❽ 시험시작 전 가벼운 몸 풀기(스트레칭) 동작으로 긴장을 풀고 시험을 시작합니다.

1. 소고기 힘줄과 기름을 제거하고 7×1×0.4cm로 썰어서 앞뒤로 자근자근 두드린다.

2. 도라지는 깨끗이 씻어 껍질을 제거하고 소금물에 담갔다가 쓴맛을 제거한 후 6.5×1×0.6cm로 썬 후 끓는 소금물에 데쳐내고 물기를 제거한다.

3. 오이는 깨끗이 씻어 통으로 6.5cm로 썰고 푸른 부분만 1×0.6cm로 썬 후 소금에 절였다가 헹구어 물기를 제거한다.

4. 당근은 깨끗이 씻어 껍질을 제거하고 6.5×1×0.6cm로 썬 후 끓는 소금물에 데쳐내고 물기를 제거한다.

5. 표고버섯은 불린 후 6.5×1×0.6cm로 썰고 너무 두꺼울 경우 안쪽을 저며준다.

6. 달걀은 노른자만 지단을 부쳐서 6.5×1×0.6cm로 썰어준다.

7. 고기와 표고버섯은 간장 1큰술, 설탕 1/2큰술, 다진파 2작은술, 다진마늘 1/2작은술, 참기름, 후춧가루, 깨를 넣고 고기 양념하여 재워둔다.

8. 잣은 종이 위에서 곱게 다져 잣가루를 준비한다.

9. 팬에 기름을 두르고 도라지, 오이, 당근, 표고버섯, 고기 순으로 각각 볶아낸다.

10. 꼬치에 재료를 색맞추어 끼운 후 길이를 정리하고 꼬치 양쪽이 1cm 남도록 잘라준다.

11. 접시에 화양적 2개를 나란히 담고 잣가루를 뿌려준다.(잣가루는 종이 끝을 접어서 젓가락으로 살살 내려주면 예쁘게 담을 수 있다.)

Memo

지짐누름적

지급재료

- 소고기[살코기(길이 7cm)] 50g • 당근(길이 7cm, 곧은 것) 50g
- 건표고버섯(지름 5cm, 물에 불린 것, 부서지지 않은 것) 1개
- 쪽파(중) 2뿌리 • 통도라지(껍질 있는 것, 길이 20cm) 1개
- 밀가루(중력분) 20g • 달걀 1개 • 참기름 5㎖ • 산적꼬치(길이 8∼9cm)
  2개 • 식용유 30㎖ • 소금(정제염) 5g • 진간장 10㎖
- 백설탕 5g • 마늘[중(깐 것)] 1쪽 • 대파[흰 부분(4cm)] 1토막
- 검은 후춧가루 2g • 깨소금 5g

 요구사항

※ 주어진 재료를 사용하여 지짐누름적을 만드시오.

❶ 각 재료는 0.6×1×6cm로 하시오.
❷ 누름적의 수량은 2개를 제출하고, 꼬치는 빼서 제출하시오.

 유의사항

❶ 만드는 순서에 유의하며, 위생과 숙련된 기능평가를 위하여 조리작업 시 맛을 보지 않습니다.
❷ 지정된 수험자지참준비물 이외의 조리기구나 재료를 시험장 내에 지참할 수 없습니다.
❸ 지급재료는 시험 전 확인하여 이상이 있을 경우 시험위원으로부터 조치를 받고 시험 중에는 재료의 교환 및
   추가지급은 하지 않습니다.
❹ 요구사항의 규격은 "정도"의 의미를 포함하며, 지급된 재료의 크기에 따라 가감하여 채점합니다.
❺ 위생복, 위생모, 앞치마를 착용하여야 하며, 시험장비 · 조리도구 취급 등 안전에 유의합니다.
❻ 다음 사항은 실격에 해당하여 채점 대상에서 제외됩니다.
   가) 수험자 본인이 시험 도중 시험에 대한 포기 의사를 표현하는 경우
   나) 위생복, 위생모, 앞치마, 마스크를 착용하지 않은 경우
   다) 시험시간 내에 과제 두 가지를 제출하지 못한 경우
   라) 문제의 요구사항대로 과제의 수량이 만들어지지 않은 경우
   마) 완성품을 요구사항의 과제(요리)가 아닌 다른 요리(예, 달걀말이→달걀찜)로 만든 경우
   바) 불을 사용하여 만든 조리작품이 작품특성에 벗어나는 정도로 타거나 익지 않은 경우
   사) 해당 과제의 지급재료 이외 재료를 사용하거나 요구사항의 조리기구(석쇠 등)로 완성품을 조리하지 않은
       경우
   아) 지정된 수험자 지참준비물 이외의 조리기술에 영향을 줄 수 있는 기구를 사용한 경우
   자) 가스레인지 화구 2개 이상(2개 포함) 사용한 경우
   차) 시험 중 시설 · 장비(칼, 가스레인지 등) 사용 시 시험위원 및 타 수험자의 시험 진행에 위해를 일으킬 것으
       로 시험위원 전원이 합의하여 판단한 경우
   카) 요구사항에 표시된 실격 및 부정행위에 해당하는 경우
❼ 항목별 배점은 위생상태 및 안전관리 5점, 조리기술 30점, 작품의 평가 15점입니다.
❽ 시험시작 전 가벼운 몸 풀기(스트레칭) 동작으로 긴장을 풀고 시험을 시작합니다.

1. 소고기 힘줄과 기름을 제거하고 7×1×0.4cm로 썰어서 앞뒤로 자근자근 두드린다.

2. 도라지는 깨끗이 씻어 껍질을 제거하고 소금으로 주물러 씻어 쓴맛을 제거한 후 6.5×1×0.6cm로 썬 후 끓는 소금물에 데쳐내고 물기를 제거한다.

3. 실파는 깨끗이 씻어 6.5cm로 썰고 참기름 1작은술과 소금 1/3작은술로 양념한다.

4. 당근은 깨끗이 씻어 껍질을 제거하고 6.5×1×0.6cm로 썬 후 끓는 소금물에 데쳐내고 물기를 제거한다.

5. 표고버섯은 불린 후 6.5×1×0.6cm로 썰고 너무 두꺼울 경우 안쪽을 저며준다.

6. 고기와 표고버섯은 간장 1큰술, 설탕 1/2큰술, 다진파 2작은술, 다진마늘 1작은술, 참기름, 후춧가루, 깨를 넣고 고기 양념하여 재워둔다.

7. 달걀은 소금을 약간 넣고 잘 풀어준다.

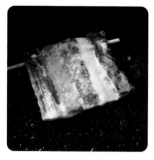

8. 팬에 기름을 두르고 도라지, 당근, 표고버섯, 고기 순으로 각각 볶아낸다.

9. 꼬치에 재료를 색맞추어 끼운 후 길이를 정리하고 밀가루, 달걀을 입힌 후 팬에 지진다.

10. 식으면 지짐누름적의 꼬치를 빼고 접시에 지짐누름적 2개를 나란히 담아준다.

Memo

두부조림

지급재료

- 두부 200g · 대파[흰 부분(4cm)] 1토막 · 실고추 1g
- 검은 후춧가루 1g · 참기름 5㎖ · 소금(정제염) 5g
- 마늘[중(깐 것)] 1쪽 · 식용유 30㎖ · 진간장 15㎖
- 깨소금 5g · 백설탕 5g

 요구사항

※ 주어진 재료를 사용하여 두부조림을 만드시오.

❶ 두부는 0.8×3×4.5cm로 잘라 지져서 사용하시오.
❷ 8쪽을 제출하고, 촉촉하게 보이도록 국물을 약간 끼얹어 내시오.
❸ 실고추와 파채를 고명으로 얹으시오.

 유의사항

❶ 만드는 순서에 유의하며, 위생과 숙련된 기능평가를 위하여 조리작업 시 맛을 보지 않습니다.
❷ 지정된 수험자지참준비물 이외의 조리기구나 재료를 시험장 내에 지참할 수 없습니다.
❸ 지급재료는 시험 전 확인하여 이상이 있을 경우 시험위원으로부터 조치를 받고 시험 중에는 재료의 교환 및 추가지급은 하지 않습니다.
❹ 요구사항의 규격은 "정도"의 의미를 포함하며, 지급된 재료의 크기에 따라 가감하여 채점합니다.
❺ 위생복, 위생모, 앞치마를 착용하여야 하며, 시험장비 · 조리도구 취급 등 안전에 유의합니다.
❻ 다음 사항은 실격에 해당하여 채점 대상에서 제외됩니다.
　가) 수험자 본인이 시험 도중 시험에 대한 포기 의사를 표현하는 경우
　나) 위생복, 위생모, 앞치마, 마스크를 착용하지 않은 경우
　다) 시험시간 내에 과제 두 가지를 제출하지 못한 경우
　라) 문제의 요구사항대로 과제의 수량이 만들어지지 않은 경우
　마) 완성품을 요구사항의 과제(요리)가 아닌 다른 요리(예, 달걀말이→달걀찜)로 만든 경우
　바) 불을 사용하여 만든 조리작품이 작품특성에 벗어나는 정도로 타거나 익지 않은 경우
　사) 해당 과제의 지급재료 이외 재료를 사용하거나 요구사항의 조리기구(석쇠 등)로 완성품을 조리하지 않은 경우
　아) 지정된 수험자 지참준비물 이외의 조리기술에 영향을 줄 수 있는 기구를 사용한 경우
　자) 가스레인지 화구 2개 이상(2개 포함) 사용한 경우
　차) 시험 중 시설 · 장비(칼, 가스레인지 등) 사용 시 시험위원 및 타 수험자의 시험 진행에 위해를 일으킬 것으로 시험위원 전원이 합의하여 판단한 경우
　카) 요구사항에 표시된 실격 및 부정행위에 해당하는 경우
❼ 항목별 배점은 위생상태 및 안전관리 5점, 조리기술 30점, 작품의 평가 15점입니다.
❽ 시험시작 전 가벼운 몸 풀기(스트레칭) 동작으로 긴장을 풀고 시험을 시작합니다.

만드는 방법과 순서

1. 두부는 3.5×5×0.8cm로 8쪽을 썰어서 접시에 종이타월을 놓고 그 위에 두부를 놓은 다음 소금을 뿌린다.

2. 간장 1큰술, 설탕 1/3큰술, 다진파 2작은술, 다진마늘 1작은술, 참기름, 후춧가루, 깨를 넣고 양념장을 만든다.

3. 파의 흰부분은 마늘과 함께 다져서 양념장에 사용하고, 파는 길이 1.5cm로 채 썰어 같은 길이로 썬 실고추와 함께 고명으로 준비한다.

4. 종이타월로 두부 위의 물기를 제거하고 기름 두른 팬에 두부를 앞뒤로 노릇하게 지진다.

5. 냄비에 팬에 지진 두부를 놓고 양념장과 물 1/2컵을 두부 위에 고루 끼얹은 후 약한 불에서 서서히 조린다.

6. 두부가 어느 정도 조려지고 냄비에 국물이 여유 있게 남아 있을 때 실고추와 채 썬 파를 고명으로 얹고 뜨거운 국물을 한 번씩 끼얹어준다.

7. 접시에 두부조림 8쪽을 가지런히 놓고 국물과 함께 담아낸다.

Memo

시험시간
20분

홍합초

지급재료

- 생홍합(굵고 싱싱한 것, 껍질 벗긴 것으로 지급) 100g
- 대파[흰 부분(4cm)] 1토막 • 검은 후춧가루 2g • 참기름 5㎖
- 마늘[중(깐 것)] 2쪽 • 진간장 40㎖ • 생강 15g • 백설탕 10g
- 잣(깐 것) 5개

 요구사항

※ 주어진 재료를 사용하여 홍합초를 만드시오.

❶ 마늘과 생강은 편으로, 파는 2cm로 써시오.
❷ 홍합은 데쳐서 전량 사용하고, 촉촉하게 보이도록 국물을 끼얹어 제출하시오.
❸ 잣가루를 고명으로 얹으시오.

 유의사항

❶ 만드는 순서에 유의하며, 위생과 숙련된 기능평가를 위하여 조리작업 시 맛을 보지 않습니다.
❷ 지정된 수험자지참준비물 이외의 조리기구나 재료를 시험장 내에 지참할 수 없습니다.
❸ 지급재료는 시험 전 확인하여 이상이 있을 경우 시험위원으로부터 조치를 받고 시험 중에는 재료의 교환 및 추가지급은 하지 않습니다.
❹ 요구사항의 규격은 "정도"의 의미를 포함하며, 지급된 재료의 크기에 따라 가감하여 채점합니다.
❺ 위생복, 위생모, 앞치마를 착용하여야 하며, 시험장비 · 조리도구 취급 등 안전에 유의합니다.
❻ 다음 사항은 실격에 해당하여 채점 대상에서 제외됩니다.
　가) 수험자 본인이 시험 도중 시험에 대한 포기 의사를 표현하는 경우
　나) 위생복, 위생모, 앞치마, 마스크를 착용하지 않은 경우
　다) 시험시간 내에 과제 두 가지를 제출하지 못한 경우
　라) 문제의 요구사항대로 과제의 수량이 만들어지지 않은 경우
　마) 완성품을 요구사항의 과제(요리)가 아닌 다른 요리(예, 달걀말이→달걀찜)로 만든 경우
　바) 불을 사용하여 만든 조리작품이 작품특성에 벗어나는 정도로 타거나 익지 않은 경우
　사) 해당 과제의 지급재료 이외 재료를 사용하거나 요구사항의 조리기구(석쇠 등)로 완성품을 조리하지 않은 경우
　아) 지정된 수험자 지참준비물 이외의 조리기술에 영향을 줄 수 있는 기구를 사용한 경우
　자) 가스레인지 화구 2개 이상(2개 포함) 사용한 경우
　차) 시험 중 시설 · 장비(칼, 가스레인지 등) 사용 시 시험위원 및 타 수험자의 시험 진행에 위해를 일으킬 것으로 시험위원 전원이 합의하여 판단한 경우
　카) 요구사항에 표시된 실격 및 부정행위에 해당하는 경우
❼ 항목별 배점은 위생상태 및 안전관리 5점, 조리기술 30점, 작품의 평가 15점입니다.
❽ 시험시작 전 가벼운 몸 풀기(스트레칭) 동작으로 긴장을 풀고 시험을 시작합니다.

1. 생홍합은 안쪽의 잔털을 제거하고 엷은 소금물에 흔들어 씻어 끓는물에 데친 후 찬물에 헹구어 체에
   밭쳐 물기를 제거한다.

2. 잣은 종이 위에서 곱게 다져 잣가루를 만든다.

3. 파는 2cm 길이의 통으로 썰고 마늘과 생강은 편으로 썰어둔다.

4. 냄비에 간장 2큰술, 설탕 2큰술, 물 5큰술을 넣고 조림장을 만든다.

5. 조림장이 끓기 시작하면 생강편과 마늘편을 넣고 끓이다가 데친 홍합을 넣고 중불에서 국물을 끼얹
   으면서 조려준다.

6. 국물이 1큰술 정도 남으면 파를 넣고 살짝 더 조려준다.

7. 국물이 거의 없고 윤기가 나면 후춧가루와 참기름을 넣고 불을 끈다.

8. 조려진 홍합초는 조린 국물과 함께 그릇에 담고 잣가루를 고명으로 얹는다.(잣가루는 종이 끝을 접어
서 젓가락으로 살살 내려주면 예쁘게 담을 수 있다.)

Memo

시험시간
25분

너비아니구이

지급재료

- 소고기(안심 또는 등심, 덩어리로) 100g • 배(50g) 1/8개
- 진간장 50㎖ • 대파[흰 부분(4cm)] 1토막 • 마늘[중(깐 것)] 2쪽
- 검은 후춧가루 2g • 백설탕 10g • 깨소금 5g • 참기름 10㎖
- 식용유 10㎖ • 잣(깐 것) 5개

 요구사항

※ 주어진 재료를 사용하여 너비아니구이를 만드시오.

❶ 완성된 너비아니는 0.5×4×5cm로 하시오.
❷ 석쇠를 사용하여 굽고, 6쪽 제출하시오.
❸ 잣가루를 고명으로 얹으시오.

 유의사항

❶ 만드는 순서에 유의하며, 위생과 숙련된 기능평가를 위하여 조리작업 시 맛을 보지 않습니다.
❷ 지정된 수험자지참준비물 이외의 조리기구나 재료를 시험장 내에 지참할 수 없습니다.
❸ 지급재료는 시험 전 확인하여 이상이 있을 경우 시험위원으로부터 조치를 받고 시험 중에는 재료의 교환 및 추가지급은 하지 않습니다.
❹ 요구사항의 규격은 "정도"의 의미를 포함하며, 지급된 재료의 크기에 따라 가감하여 채점합니다.
❺ 위생복, 위생모, 앞치마를 착용하여야 하며, 시험장비 · 조리도구 취급 등 안전에 유의합니다.
❻ 다음 사항은 실격에 해당하여 채점 대상에서 제외됩니다.
　가) 수험자 본인이 시험 도중 시험에 대한 포기 의사를 표현하는 경우
　나) 위생복, 위생모, 앞치마, 마스크를 착용하지 않은 경우
　다) 시험시간 내에 과제 두 가지를 제출하지 못한 경우
　라) 문제의 요구사항대로 과제의 수량이 만들어지지 않은 경우
　마) 완성품을 요구사항의 과제(요리)가 아닌 다른 요리(예, 달걀말이→달걀찜)로 만든 경우
　바) 불을 사용하여 만든 조리작품이 작품특성에 벗어나는 정도로 타거나 익지 않은 경우
　사) 해당 과제의 지급재료 이외 재료를 사용하거나 요구사항의 조리기구(석쇠 등)로 완성품을 조리하지 않은 경우
　아) 지정된 수험자 지참준비물 이외의 조리기술에 영향을 줄 수 있는 기구를 사용한 경우
　자) 가스레인지 화구 2개 이상(2개 포함) 사용한 경우
　차) 시험 중 시설 · 장비(칼, 가스레인지 등) 사용 시 시험위원 및 타 수험자의 시험 진행에 위해를 일으킬 것으로 시험위원 전원이 합의하여 판단한 경우
　카) 요구사항에 표시된 실격 및 부정행위에 해당하는 경우
❼ 항목별 배점은 위생상태 및 안전관리 5점, 조리기술 30점, 작품의 평가 15점입니다.
❽ 시험시작 전 가벼운 몸 풀기(스트레칭) 동작으로 긴장을 풀고 시험을 시작합니다.

 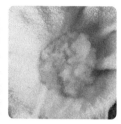  

1. 소고기 힘줄과 기름을 제거하고 6×7×0.4cm로 6쪽을 썰어서 앞뒤로 두드려 부드럽게 한다.

2. 배는 껍질을 제거하고 강판에 갈아 면보로 짜서 즙만 준비한다.

3. 간장 1½큰술, 설탕 2/3큰술, 배즙 1큰술, 다진파 2작은술, 다진마늘 1작은술, 참기름, 후춧가루, 깨를 넣고 고기 양념장을 만든다.

4. 잣은 종이 위에서 곱게 다져 잣가루를 준비한다.

5. 양념장에 손질한 고기를 한 장씩 재운다.

6. 석쇠를 달군 후 식용유를 바르고 고기를 석쇠 위에 놓는다.(처음에는 고기의 가장자리가 살짝 겹치게 놓는다.)

7. 고기의 표면이 어느 정도 익으면 고기 겹친 곳을 펼치고 그 위에 양념장을 발라가면서 앞뒤로 완전히 익혀준다.

8. 구워진 고기는 접시에 담고 잣가루를 뿌려준다.(잣가루는 종이 끝을 접어서 젓가락으로 살살 내려주면 예쁘게 담을 수 있다.)

Memo

지급재료

- 돼지고기(등심 또는 볼깃살) 150g • 고추장 40g • 진간장 10㎖
- 대파[흰 부분(4cm)] 1토막 • 마늘[중(깐 것)] 2쪽
- 검은 후춧가루 2g • 백설탕 15g • 깨소금 5g • 참기름 5㎖
- 생강 10g • 식용유 10㎖

 요구사항

※ 주어진 재료를 사용하여 제육구이를 만드시오.

❶ 완성된 제육은 0.4×4×5cm로 하시오.
❷ 고추장 양념하여 석쇠에 구우시오.
❸ 제육구이는 전량 제출하시오.

 유의사항

❶ 만드는 순서에 유의하며, 위생과 숙련된 기능평가를 위하여 조리작업 시 맛을 보지 않습니다.
❷ 지정된 수험자지참준비물 이외의 조리기구나 재료를 시험장 내에 지참할 수 없습니다.
❸ 지급재료는 시험 전 확인하여 이상이 있을 경우 시험위원으로부터 조치를 받고 시험 중에는 재료의 교환 및 추가지급은 하지 않습니다.
❹ 요구사항의 규격은 "정도"의 의미를 포함하며, 지급된 재료의 크기에 따라 가감하여 채점합니다.
❺ 위생복, 위생모, 앞치마를 착용하여야 하며, 시험장비·조리도구 취급 등 안전에 유의합니다.
❻ 다음 사항은 실격에 해당하여 채점 대상에서 제외됩니다.
　가) 수험자 본인이 시험 도중 시험에 대한 포기 의사를 표현하는 경우
　나) 위생복, 위생모, 앞치마, 마스크를 착용하지 않은 경우
　다) 시험시간 내에 과제 두 가지를 제출하지 못한 경우
　라) 문제의 요구사항대로 과제의 수량이 만들어지지 않은 경우
　마) 완성품을 요구사항의 과제(요리)가 아닌 다른 요리(예, 달걀말이→달걀찜)로 만든 경우
　바) 불을 사용하여 만든 조리작품이 작품특성에 벗어나는 정도로 타거나 익지 않은 경우
　사) 해당 과제의 지급재료 이외 재료를 사용하거나 요구사항의 조리기구(석쇠 등)로 완성품을 조리하지 않은 경우
　아) 지정된 수험자 지참준비물 이외의 조리기술에 영향을 줄 수 있는 기구를 사용한 경우
　자) 가스레인지 화구 2개 이상(2개 포함) 사용한 경우
　차) 시험 중 시설·장비(칼, 가스레인지 등) 사용 시 시험위원 및 타 수험자의 시험 진행에 위해를 일으킬 것으로 시험위원 전원이 합의하여 판단한 경우
　카) 요구사항에 표시된 실격 및 부정행위에 해당하는 경우
❼ 항목별 배점은 위생상태 및 안전관리 5점, 조리기술 30점, 작품의 평가 15점입니다.
❽ 시험시작 전 가벼운 몸 풀기(스트레칭) 동작으로 긴장을 풀고 시험을 시작합니다.

만드는 방법과 순서 ─────────────────

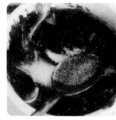

1. 돼지고기는 힘줄과 기름을 제거하고 5×6×0.3cm로 썰어서 앞뒤로 두드려 부드럽게 한다.

2. 파, 마늘, 생강은 곱게 다진다.

3. 고추장 2큰술, 설탕 1큰술, 간장 1/2작은술, 다진파 1큰술, 다진마늘 1작은술, 다진생강 1/2작은술, 참기름, 후춧가루, 깨를 넣고 고추장 양념장을 만든다.

4. 돼지고기에 양념장을 한 장씩 앞뒤로 바르고 겹쳐서 재워둔다.

5. 석쇠를 달군 후 식용유를 바르고 고기를 석쇠 위에 놓는다.(처음에는 고기의 가장자리가 살짝 겹치게 놓는다.)

6. 고기의 표면이 어느 정도 익으면 고기 겹친 곳을 펼치고 그 위에 양념장을 발라가면서 앞뒤로 완전히 익혀준다.

7. 구워진 고기는 접시에 담는다.

Memo

시험시간
30분

더덕구이

지급재료

- 통더덕(껍질 있는 것, 길이 10~15cm) 3개 · 진간장 10㎖
- 대파[흰 부분(4cm)] 1토막 · 마늘[중(깐 것)] 1쪽 · 고추장 30g
- 백설탕 5g · 깨소금 5g · 참기름 10㎖ · 소금(정제염) 10g
- 식용유 10㎖

 요구사항

※ 주어진 재료를 사용하여 더덕구이를 만드시오.

❶ 더덕은 껍질을 벗겨 사용하시오.
❷ 유장으로 초벌구이하고 고추장 양념으로 석쇠에 구우시오.
❸ 완성품은 전량 제출하시오

 유의사항

❶ 만드는 순서에 유의하며, 위생과 숙련된 기능평가를 위하여 조리작업 시 맛을 보지 않습니다.
❷ 지정된 수험자지참준비물 이외의 조리기구나 재료를 시험장 내에 지참할 수 없습니다.
❸ 지급재료는 시험 전 확인하여 이상이 있을 경우 시험위원으로부터 조치를 받고 시험 중에는 재료의 교환 및 추가지급은 하지 않습니다.
❹ 요구사항의 규격은 "정도"의 의미를 포함하며, 지급된 재료의 크기에 따라 가감하여 채점합니다.
❺ 위생복, 위생모, 앞치마를 착용하여야 하며, 시험장비 · 조리도구 취급 등 안전에 유의합니다.
❻ 다음 사항은 실격에 해당하여 채점 대상에서 제외됩니다.
　　가) 수험자 본인이 시험 도중 시험에 대한 포기 의사를 표현하는 경우
　　나) 위생복, 위생모, 앞치마, 마스크를 착용하지 않은 경우
　　다) 시험시간 내에 과제 두 가지를 제출하지 못한 경우
　　라) 문제의 요구사항대로 과제의 수량이 만들어지지 않은 경우
　　마) 완성품을 요구사항의 과제(요리)가 아닌 다른 요리(예, 달걀말이→달걀찜)로 만든 경우
　　바) 불을 사용하여 만든 조리작품이 작품특성에 벗어나는 정도로 타거나 익지 않은 경우
　　사) 해당 과제의 지급재료 이외 재료를 사용하거나 요구사항의 조리기구(석쇠 등)로 완성품을 조리하지 않은 경우
　　아) 지정된 수험자 지참준비물 이외의 조리기술에 영향을 줄 수 있는 기구를 사용한 경우
　　자) 가스레인지 화구 2개 이상(2개 포함) 사용한 경우
　　차) 시험 중 시설 · 장비(칼, 가스레인지 등) 사용 시 시험위원 및 타 수험자의 시험 진행에 위해를 일으킬 것으로 시험위원 전원이 합의하여 판단한 경우
　　카) 요구사항에 표시된 실격 및 부정행위에 해당하는 경우
❼ 항목별 배점은 위생상태 및 안전관리 5점, 조리기술 30점, 작품의 평가 15점입니다.
❽ 시험시작 전 가벼운 몸 풀기(스트레칭) 동작으로 긴장을 풀고 시험을 시작합니다.

1. 통더덕은 씻은 후 껍질을 돌려가며 벗기고 길이를 조절한다.

2. 껍질 벗긴 더덕은 소금물에 담그어 쓴맛을 제거한다.

3. 더덕에 길이로 칼집을 낸다.(반으로 잘라지지 않도록 주의한다.)

4. 물기를 제거한 더덕은 마른행주를 깔고 방망이로 두들기거나 밀어서 편편하게 만들어준 다음 5cm
정도로 길이를 조절한다.(너무 가는 더덕은 칼집을 내지 않고 그대로 밀어준다.)

 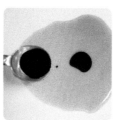  

5. 간장 1작은술과 참기름 1큰술로 유장을 만든다.

6. 더덕 앞뒤로 유장을 골고루 바른 후 겹쳐서 재워둔다.(너무 많이 바르면 더덕구이가 질척해진다.)

7. 석쇠를 달군 후 식용유를 바르고 더덕이 타지 않도록 살짝 애벌구이한다.

8. 고추장 2큰술, 설탕 1큰술, 다진파 1큰술, 다진마늘 1작은술, 참기름, 깨를 넣고 고추장 양념장을 만든다.

9. 애벌구이한 더덕에 앞뒤로 고추장 양념장을 바르고 재워둔다.

10. 석쇠를 달군 후 식용유를 두르고 더덕이 타지 않도록 앞뒤로 굽는다.

11. 더덕 모양을 살려 접시에 담는다.

Memo

북어구이

지급재료

- 북어포[반을 갈라 말린 껍질이 있는 것(40g)] 1마리 • 진간장 20㎖
- 대파[흰 부분(4cm)] 1토막 • 마늘[중(깐 것)] 2쪽 • 고추장 40g
- 백설탕 10g • 깨소금 5g • 참기름 15㎖ • 검은 후춧가루 2g
- 식용유 10㎖

 요구사항

※ 주어진 재료를 사용하여 북어구이를 만드시오.

❶ 구워진 북어의 길이는 5cm로 하시오.
❷ 유장으로 초벌구이하고 고추장 양념으로 석쇠에 구우시오.
❸ 완성품은 3개를 제출하시오.
　※ 단, 세로로 잘라 3/6토막 제출할 경우 수량 부족으로 실격 처리

 유의사항

❶ 만드는 순서에 유의하며, 위생과 숙련된 기능평가를 위하여 조리작업 시 맛을 보지 않습니다.
❷ 지정된 수험자지참준비물 이외의 조리기구나 재료를 시험장 내에 지참할 수 없습니다.
❸ 지급재료는 시험 전 확인하여 이상이 있을 경우 시험위원으로부터 조치를 받고 시험 중에는 재료의 교환 및 추가지급은 하지 않습니다.
❹ 요구사항의 규격은 "정도"의 의미를 포함하며, 지급된 재료의 크기에 따라 가감하여 채점합니다.
❺ 위생복, 위생모, 앞치마를 착용하여야 하며, 시험장비 · 조리도구 취급 등 안전에 유의합니다.
❻ 다음 사항은 실격에 해당하여 채점 대상에서 제외됩니다.
　가) 수험자 본인이 시험 도중 시험에 대한 포기 의사를 표현하는 경우
　나) 위생복, 위생모, 앞치마, 마스크를 착용하지 않은 경우
　다) 시험시간 내에 과제 두 가지를 제출하지 못한 경우
　라) 문제의 요구사항대로 과제의 수량이 만들어지지 않은 경우
　마) 완성품을 요구사항의 과제(요리)가 아닌 다른 요리(예, 달걀말이→달걀찜)로 만든 경우
　바) 불을 사용하여 만든 조리작품이 작품특성에 벗어나는 정도로 타거나 익지 않은 경우
　사) 해당 과제의 지급재료 이외 재료를 사용하거나 요구사항의 조리기구(석쇠 등)로 완성품을 조리하지 않은 경우
　아) 지정된 수험자 지참준비물 이외의 조리기술에 영향을 줄 수 있는 기구를 사용한 경우
　자) 가스레인지 화구 2개 이상(2개 포함) 사용한 경우
　차) 시험 중 시설 · 장비(칼, 가스레인지 등) 사용 시 시험위원 및 타 수험자의 시험 진행에 위해를 일으킬 것으로 시험위원 전원이 합의하여 판단한 경우
　카) 요구사항에 표시된 실격 및 부정행위에 해당하는 경우
❼ 항목별 배점은 위생상태 및 안전관리 5점, 조리기술 30점, 작품의 평가 15점입니다.
❽ 시험시작 전 가벼운 몸 풀기(스트레칭) 동작으로 긴장을 풀고 시험을 시작합니다.

1. 북어포는 물에 불려 물기를 제거하고 머리, 지느러미, 꼬리, 가시를 제거한다.

2. 손질한 북어는 6~7cm로 3토막을 낸 후 껍질 쪽에 잔칼집을 낸다.

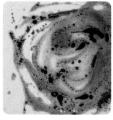   

3. 간장 1작은술과 참기름 1큰술로 유장을 만든다.

4. 북어 앞뒤로 유장을 골고루 바른 후 겹쳐서 재워둔다.(너무 많이 바르면 북어구이가 질척해진다.)

5. 석쇠를 달군 후 식용유를 바르고 북어가 타지 않도록 살짝 애벌구이한다.

6. 고추장 2큰술, 설탕 1큰술, 다진파 1큰술, 다진마늘 1작은술, 참기름, 후춧가루, 깨를 넣고 고추장 양념
   장을 만든다.
7. 애벌구이한 북어에 앞뒤로 고추장 양념장을 바르고 재워둔다.
8. 접시에 큰 조각부터 순서대로 3쪽을 담는다.

Memo

생선양념구이

지급재료

- 조기(100g~120g) 1마리 • 진간장 20㎖
- 대파[흰 부분(4cm)] 1토막 • 마늘[중(깐 것)] 1쪽 • 고추장 40g
- 백설탕 5g • 깨소금 5g • 참기름 5㎖ • 소금(정제염) 20g
- 검은 후춧가루 2g • 식용유 10㎖

 요구사항

※ 주어진 재료를 사용하여 생선양념구이를 만드시오.

❶ 생선은 머리와 꼬리를 포함하여 통째로 사용하고, 내장은 아가미 쪽으로 제거하시오.
❷ 칼집 넣은 생선은 유장으로 초벌구이하고 고추장 양념으로 석쇠에 구우시오.
❸ 생선구이는 머리 왼쪽, 배 앞쪽 방향으로 담아내시오.

 유의사항

❶ 만드는 순서에 유의하며, 위생과 숙련된 기능평가를 위하여 조리작업 시 맛을 보지 않습니다.
❷ 지정된 수험자지참준비물 이외의 조리기구나 재료를 시험장 내에 지참할 수 없습니다.
❸ 지급재료는 시험 전 확인하여 이상이 있을 경우 시험위원으로부터 조치를 받고 시험 중에는 재료의 교환 및 추가지급은 하지 않습니다.
❹ 요구사항의 규격은 "정도"의 의미를 포함하며, 지급된 재료의 크기에 따라 가감하여 채점합니다.
❺ 위생복, 위생모, 앞치마를 착용하여야 하며, 시험장비 · 조리도구 취급 등 안전에 유의합니다.
❻ 다음 사항은 실격에 해당하여 채점 대상에서 제외됩니다.
　가) 수험자 본인이 시험 도중 시험에 대한 포기 의사를 표현하는 경우
　나) 위생복, 위생모, 앞치마, 마스크를 착용하지 않은 경우
　다) 시험시간 내에 과제 두 가지를 제출하지 못한 경우
　라) 문제의 요구사항대로 과제의 수량이 만들어지지 않은 경우
　마) 완성품을 요구사항의 과제(요리)가 아닌 다른 요리(예, 달걀말이→달걀찜)로 만든 경우
　바) 불을 사용하여 만든 조리작품이 작품특성에 벗어나는 정도로 타거나 익지 않은 경우
　사) 해당 과제의 지급재료 이외 재료를 사용하거나 요구사항의 조리기구(석쇠 등)로 완성품을 조리하지 않은 경우
　아) 지정된 수험자 지참준비물 이외의 조리기술에 영향을 줄 수 있는 기구를 사용한 경우
　자) 가스레인지 화구 2개 이상(2개 포함) 사용한 경우
　차) 시험 중 시설 · 장비(칼, 가스레인지 등) 사용 시 시험위원 및 타 수험자의 시험 진행에 위해를 일으킬 것으로 시험위원 전원이 합의하여 판단한 경우
　카) 요구사항에 표시된 실격 및 부정행위에 해당하는 경우
❼ 항목별 배점은 위생상태 및 안전관리 5점, 조리기술 30점, 작품의 평가 15점입니다.
❽ 시험시작 전 가벼운 몸 풀기(스트레칭) 동작으로 긴장을 풀고 시험을 시작합니다.

1. 생선은 비늘을 제거하고 아가미로 내장을 제거한 다음 지느러미를 정리하고 깨끗이 씻어 물기를 제거한다.(내장 안쪽의 물기를 잘 제거한다.)

2. 생선 등쪽으로 칼집을 3~4개 정도 내고 소금을 뿌린다.(칼집은 등쪽의 살이 많은 부분에 낸다.)

3. 생선 앞뒤로 물기를 다시 한번 제거한다.

4. 간장 1작은술과 참기름 1큰술로 유장을 만든다.

5. 생선 앞뒤로 유장을 골고루 바른다.(타기 쉬운 머리와 꼬리 쪽은 조금 넉넉히 바른다.)

6. 석쇠를 달군 후 식용유를 바르고 생선이 타지 않도록 애벌구이한다.(이때 생선은 90% 이상 익혀준다.)

7. 고추장 2큰술, 설탕 1큰술, 다진파 1큰술, 다진마늘 1작은술, 참기름, 후춧가루, 깨를 넣고 고추장 양념장을 만든다.

8. 애벌구이한 생선에 앞뒤로 고추장 양념장을 바르면서 속까지 완전히 익도록 굽는다.(양념장은 석쇠 위에서 바른다.)

9. 구워진 생선은 접시에 머리 왼쪽, 꼬리 오른쪽, 배가 아래쪽으로 오도록 조심스럽게 담는다.

Memo

시험시간
35분

잡채

지급재료

- 당면 20g・소고기(살코기, 길이 7cm) 30g・오이(가늘고 곧은 것, 길이 20cm) 1/3개・대파[흰 부분(4cm)] 1토막・당근(곧은 것, 길이 7cm) 50g・건표고버섯(지름 5cm 물에 불린 것, 부서지지 않은 것) 1개・양파[중(150g)] 1/3개・숙주(생것) 20g・건목이버섯(지름 5cm 물에 불린 것) 2개・마늘[중(간 것)] 2쪽・통도라지(껍질 있는 것, 길이 20cm) 1개・백설탕 10g・진간장 20㎖・식용유 50㎖
- 깨소금 5g・검은 후춧가루 1g・참기름 5㎖・소금(정제염) 15g
- 달걀 1개

 요구사항

※ 주어진 재료를 사용하여 잡채를 만드시오.

❶ 소고기, 양파, 오이, 당근, 도라지, 표고버섯은 0.3×0.3×6cm로 썰어 사용하시오.
❷ 숙주는 데치고 목이버섯은 찢어서 사용하시오.
❸ 당면은 삶아서 유장처리하여 볶으시오.
❹ 황백지단은 0.2×0.2×4cm로 썰어 고명으로 얹으시오.

 유의사항

❶ 만드는 순서에 유의하며, 위생과 숙련된 기능평가를 위하여 조리작업 시 맛을 보지 않습니다.
❷ 지정된 수험자지참준비물 이외의 조리기구나 재료를 시험장 내에 지참할 수 없습니다.
❸ 지급재료는 시험 전 확인하여 이상이 있을 경우 시험위원으로부터 조치를 받고 시험 중에는 재료의 교환 및 추가지급은 하지 않습니다.
❹ 요구사항의 규격은 "정도"의 의미를 포함하며, 지급된 재료의 크기에 따라 가감하여 채점합니다.
❺ 위생복, 위생모, 앞치마를 착용하여야 하며, 시험장비・조리도구 취급 등 안전에 유의합니다.
❻ 다음 사항은 실격에 해당하여 채점 대상에서 제외됩니다.
   가) 수험자 본인이 시험 도중 시험에 대한 포기 의사를 표현하는 경우
   나) 위생복, 위생모, 앞치마, 마스크를 착용하지 않은 경우
   다) 시험시간 내에 과제 두 가지를 제출하지 못한 경우
   라) 문제의 요구사항대로 과제의 수량이 만들어지지 않은 경우
   마) 완성품을 요구사항의 과제(요리)가 아닌 다른 요리(예, 달걀말이→달걀찜)로 만든 경우
   바) 불을 사용하여 만든 조리작품이 작품특성에 벗어나는 정도로 타거나 익지 않은 경우
   사) 해당 과제의 지급재료 이외 재료를 사용하거나 요구사항의 조리기구(석쇠 등)로 완성품을 조리하지 않은 경우
   아) 지정된 수험자 지참준비물 이외의 조리기술에 영향을 줄 수 있는 기구를 사용한 경우
   자) 가스레인지 화구 2개 이상(2개 포함) 사용한 경우
   차) 시험 중 시설・장비(칼, 가스레인지 등) 사용 시 시험위원 및 타 수험자의 시험 진행에 위해를 일으킬 것으로 시험위원 전원이 합의하여 판단한 경우
   카) 요구사항에 표시된 실격 및 부정행위에 해당하는 경우
❼ 항목별 배점은 위생상태 및 안전관리 5점, 조리기술 30점, 작품의 평가 15점입니다.
❽ 시험시작 전 가벼운 몸 풀기(스트레칭) 동작으로 긴장을 풀고 시험을 시작합니다.

  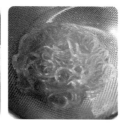 

1. 오이는 소금으로 문질러 깨끗이 씻은 후 6cm로 토막내고 돌려깎기하여 채 썰어 소금에 절였다가 헹구어 물기를 제거한다.

2. 도라지는 깨끗이 씻어 껍질을 제거하고 채 썰어 소금과 물을 조금 넣고 주물러 두어 쓴맛을 제거한 후 물에 헹구어 물기를 제거한다.

3. 양파와 당근은 6×0.3×0.3cm로 채 썬다.

4. 숙주는 깨끗이 씻은 후 거두절미하여 끓는 물에 데친 후 기름 두른 팬에 볶아준다.

5. 당면은 찬물에 불려둔다.

6. 소고기와 표고버섯도 당근과 같은 크기로 채 썰고, 목이버섯은 불려서 이물질을 제거한 후 손으로 한 입 크기로 찢는다.

   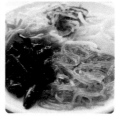

7. 소고기와 표고버섯, 목이버섯은 간장 1½큰술, 설탕 2/3큰술, 다진파, 다진마늘, 참기름, 후춧가루, 깨를 넣고 고기 양념하여 각각 재워둔다.

8. 달걀은 황백지단을 부쳐서 4×0.2×0.2cm로 썰어준다.

9. 팬에 기름을 두르고 도라지, 오이, 양파, 당근, 버섯, 소고기 순서로 따로따로 볶은 후 식혀준다.

10. 당면은 삶아 자른 후 간장 1큰술, 설탕 1/2큰술, 참기름 1/2큰술로 양념하여 볶는다.

11. 볶은 당면과 재료를 모두 섞은 후 간장 1/2큰술, 설탕 1작은술, 참기름 1작은술, 깨 1/2작은술로 간하여 버무린다.

12. 접시에 잡채를 소복하게 담고 그 위에 황백지단채를 얹어준다.

Memo

지급재료

- 청포묵[중(길이 6cm)] 150g • 소고기(살코기, 길이 5cm) 20g
- 숙주(생것) 20g • 미나리(줄기 부분) 10g • 달걀 1개 • 김 1/4장
- 진간장 20㎖ • 마늘[중(깐 것)] 2쪽 • 대파[흰 부분(4cm)]
  1토막 • 검은 후춧가루 1g • 참기름 5㎖ • 백설탕 5g • 깨소금 5g
- 식초 5㎖ • 소금(정제염) 5g • 식용유 10㎖

 요구사항

※ 주어진 재료를 사용하여 탕평채를 만드시오.

❶ 청포묵은 0.4×0.4×6cm로 썰어 데쳐서 사용하시오.
❷ 모든 부재료의 길이는 4∼5cm로 써시오.
❸ 소고기, 미나리, 거두절미한 숙주는 각각 조리하여 청포묵과 함께 초간장으로 무쳐 담아내시오.
❹ 황백지단은 4cm 길이로 채 썰고, 김은 구워 부숴서 고명으로 얹으시오.

 유의사항

❶ 만드는 순서에 유의하며, 위생과 숙련된 기능평가를 위하여 조리작업 시 맛을 보지 않습니다.
❷ 지정된 수험자지참준비물 이외의 조리기구나 재료를 시험장 내에 지참할 수 없습니다.
❸ 지급재료는 시험 전 확인하여 이상이 있을 경우 시험위원으로부터 조치를 받고 시험 중에는 재료의 교환 및 추가지급은 하지 않습니다.
❹ 요구사항의 규격은 "정도"의 의미를 포함하며, 지급된 재료의 크기에 따라 가감하여 채점합니다.
❺ 위생복, 위생모, 앞치마를 착용하여야 하며, 시험장비 · 조리도구 취급 등 안전에 유의합니다.
❻ 다음 사항은 실격에 해당하여 채점 대상에서 제외됩니다.
　가) 수험자 본인이 시험 도중 시험에 대한 포기 의사를 표현하는 경우
　나) 위생복, 위생모, 앞치마, 마스크를 착용하지 않은 경우
　다) 시험시간 내에 과제 두 가지를 제출하지 못한 경우
　라) 문제의 요구사항대로 과제의 수량이 만들어지지 않은 경우
　마) 완성품을 요구사항의 과제(요리)가 아닌 다른 요리(예, 달걀말이→달걀찜)로 만든 경우
　바) 불을 사용하여 만든 조리작품이 작품특성에 벗어나는 정도로 타거나 익지 않은 경우
　사) 해당 과제의 지급재료 이외 재료를 사용하거나 요구사항의 조리기구(석쇠 등)로 완성품을 조리하지 않은 경우
　아) 지정된 수험자 지참준비물 이외의 조리기술에 영향을 줄 수 있는 기구를 사용한 경우
　자) 가스레인지 화구 2개 이상(2개 포함) 사용한 경우
　차) 시험 중 시설 · 장비(칼, 가스레인지 등) 사용 시 시험위원 및 타 수험자의 시험 진행에 위해를 일으킬 것으로 시험위원 전원이 합의하여 판단한 경우
　카) 요구사항에 표시된 실격 및 부정행위에 해당하는 경우
❼ 항목별 배점은 위생상태 및 안전관리 5점, 조리기술 30점, 작품의 평가 15점입니다.
❽ 시험시작 전 가벼운 몸 풀기(스트레칭) 동작으로 긴장을 풀고 시험을 시작합니다.

1. 소고기는 핏물을 제거하여 5×0.4×0.4cm로 결대로 채 썬다.

2. 숙주는 거두절미하여 소금을 조금 넣고 끓는물에 데친 후 찬물에 헹구어 물기를 제거한다.

3. 미나리는 잎을 떼고 줄기만 다듬어서 5cm 길이로 잘라 소금을 조금 넣고 끓는물에 데친 후 찬물에 헹구어 물기를 제거한다.

4. 청포묵은 6×0.3×0.3cm로 채 썰어 끓는물에 데친 후 찬물에 헹구어 체에 밭쳤다가 소금 1/2작은 술, 참기름 1작은술로 양념한다.(투명할 정도까지만 데치고 너무 많이 익히지 않는다.)

5. 김은 석쇠나 기름 없는 팬에서 앞뒤로 바삭하게 구운 후 비닐에 넣고 굵게 부순다.

6. 간장 1큰술, 설탕 1큰술, 식초 1큰술로 초간장을 만든다.

7. 달걀을 황백지단을 부쳐 4×0.2×0.2cm로 채 썰어 고명으로 준비한다.

8. 소고기는 간장 1작은술, 설탕 1/2작은술, 다진파 1작은술, 다진마늘 1/2작은술, 참기름, 후춧가루, 깨로 양념하여 팬에 기름을 두르고 볶는다.

9. 청포묵을 초간장으로 무친 후 숙주, 미나리, 소고기 볶은 것을 넣고 버무린 후 접시에 담는다.

10. 가운데 김 부순 것을 얹고 그 위에 달걀지단 고명을 가지런히 얹는다.

11. 탕평채는 상에 내기 직전에 무쳐야 색이 선명하다.

Memo

시험시간
40분

칠절판

지급재료

- 소고기(살코기, 길이 6cm) 50g • 오이(가늘고 곧은 것, 길이 20cm) 1/2개 • 당근(곧은 것, 길이 7cm) 50g • 달걀 1개 • 밀가루(중력분) 50g
- 석이버섯[부서지지 않은 것(마른 것)] 5g • 마늘[중(깐 것)] 2쪽
- 진간장 20㎖ • 대파[흰 부분(4cm)] 1토막 • 검은 후춧가루 1g
- 참기름 10㎖ • 백설탕 10g • 깨소금 5g • 식용유 30㎖
- 소금(정제염) 10g

 요구사항

※ 주어진 재료를 사용하여 칠절판을 만드시오.

❶ 밀전병은 지름이 8cm가 되도록 6개를 만드시오.
❷ 채소와 황백지단, 소고기는 0.2×0.2×5cm로 써시오.
❸ 석이버섯은 곱게 채를 써시오

 유의사항

❶ 만드는 순서에 유의하며, 위생과 숙련된 기능평가를 위하여 조리작업 시 맛을 보지 않습니다.
❷ 지정된 수험자지참준비물 이외의 조리기구나 재료를 시험장 내에 지참할 수 없습니다.
❸ 지급재료는 시험 전 확인하여 이상이 있을 경우 시험위원으로부터 조치를 받고 시험 중에는 재료의 교환 및 추가지급은 하지 않습니다.
❹ 요구사항의 규격은 "정도"의 의미를 포함하며, 지급된 재료의 크기에 따라 가감하여 채점합니다.
❺ 위생복, 위생모, 앞치마를 착용하여야 하며, 시험장비 · 조리도구 취급 등 안전에 유의합니다.
❻ 다음 사항은 실격에 해당하여 채점 대상에서 제외됩니다.
　가) 수험자 본인이 시험 도중 시험에 대한 포기 의사를 표현하는 경우
　나) 위생복, 위생모, 앞치마, 마스크를 착용하지 않은 경우
　다) 시험시간 내에 과제 두 가지를 제출하지 못한 경우
　라) 문제의 요구사항대로 과제의 수량이 만들어지지 않은 경우
　마) 완성품을 요구사항의 과제(요리)가 아닌 다른 요리(예, 달걀말이→달걀찜)로 만든 경우
　바) 불을 사용하여 만든 조리작품이 작품특성에 벗어나는 정도로 타거나 익지 않은 경우
　사) 해당 과제의 지급재료 이외 재료를 사용하거나 요구사항의 조리기구(석쇠 등)로 완성품을 조리하지 않은 경우
　아) 지정된 수험자 지참준비물 이외의 조리기술에 영향을 줄 수 있는 기구를 사용한 경우
　자) 가스레인지 화구 2개 이상(2개 포함) 사용한 경우
　차) 시험 중 시설 · 장비(칼, 가스레인지 등) 사용 시 시험위원 및 타 수험자의 시험 진행에 위해를 일으킬 것으로 시험위원 전원이 합의하여 판단한 경우
　카) 요구사항에 표시된 실격 및 부정행위에 해당하는 경우
❼ 항목별 배점은 위생상태 및 안전관리 5점, 조리기술 30점, 작품의 평가 15점입니다.
❽ 시험시작 전 가벼운 몸 풀기(스트레칭) 동작으로 긴장을 풀고 시험을 시작합니다.

1. 밀가루에 소금과 물을 넣고 잘 풀어서 체에 걸러둔다.
2. 팬에 기름을 두르고 직경 8cm로 밀전병을 얇게 부친다.

3. 오이는 소금으로 문질러 깨끗이 씻은 후 5cm로 토막내고 돌려깎기하여 0.2cm 두께로 채 썰어 소금
   에 절였다가 헹구어 물기를 제거한다.
4. 당근은 5×0.2×0.2cm로 채 썰어 소금에 절였다가 헹구어 물기를 제거한다.
5. 소고기는 같은 크기로 채 썰어 간장 1/2큰술, 설탕 1작은술, 다진파, 다진마늘, 참기름, 후춧가루, 깨를
   넣고 고기 양념하여 재워둔다.
6. 석이버섯은 불렸다가 이끼를 제거하고 물기를 제거한 후 곱게 채 썰어 소금 약간과 참기름으로 간을
   한다.
7. 달걀은 황백지단을 부쳐 5×0.2×0.2cm로 가늘게 채 썬다.

8. 팬에 기름을 두르고 오이, 당근, 소고기, 석이버섯 순으로 각각 볶아서 식혀준다.

9. 접시 가운데에 밀전병을 놓고 재료를 색 맞추어 돌려 담는다.(양이 비슷하도록 조절하고 비슷한 색이 옆으로 오지 않도록 주의한다.)

Memo

지급재료

- 물오징어(250g) 1마리 • 양파[중(150g)] 1/3개
- 풋고추(길이 5cm 이상) 1개 • 홍고추(생) 1개 • 마늘[중(깐 것)] 2쪽
- 대파[흰 부분(4cm)] 1토막 • 소금(정제염) 5g • 진간장 10㎖
- 백설탕 20g • 참기름 10㎖ • 깨소금 5g • 생강 5g • 고춧가루 15g
- 고추장 50g • 검은 후춧가루 2g • 식용유 30㎖

 요구사항

※ 주어진 재료를 사용하여 오징어볶음을 만드시오.

❶ 오징어는 0.3cm 폭으로 어슷하게 칼집을 넣고, 크기는 4×1.5cm로 써시오.
　(단, 오징어 다리는 4cm 길이로 자른다.)
❷ 고추, 파는 어슷썰기, 양파는 폭 1cm로 써시오.

 유의사항

❶ 만드는 순서에 유의하며, 위생과 숙련된 기능평가를 위하여 조리작업 시 맛을 보지 않습니다.
❷ 지정된 수험자지참준비물 이외의 조리기구나 재료를 시험장 내에 지참할 수 없습니다.
❸ 지급재료는 시험 전 확인하여 이상이 있을 경우 시험위원으로부터 조치를 받고 시험 중에는 재료의 교환 및 추가지급은 하지 않습니다.
❹ 요구사항의 규격은 "정도"의 의미를 포함하며, 지급된 재료의 크기에 따라 가감하여 채점합니다.
❺ 위생복, 위생모, 앞치마를 착용하여야 하며, 시험장비 · 조리도구 취급 등 안전에 유의합니다.
❻ 다음 사항은 실격에 해당하여 채점 대상에서 제외됩니다.
　가) 수험자 본인이 시험 도중 시험에 대한 포기 의사를 표현하는 경우
　나) 위생복, 위생모, 앞치마, 마스크를 착용하지 않은 경우
　다) 시험시간 내에 과제 두 가지를 제출하지 못한 경우
　라) 문제의 요구사항대로 과제의 수량이 만들어지지 않은 경우
　마) 완성품을 요구사항의 과제(요리)가 아닌 다른 요리(예. 달걀말이→달걀찜)로 만든 경우
　바) 불을 사용하여 만든 조리작품이 작품특성에 벗어나는 정도로 타거나 익지 않은 경우
　사) 해당 과제의 지급재료 이외 재료를 사용하거나 요구사항의 조리기구(석쇠 등)로 완성품을 조리하지 않은 경우
　아) 지정된 수험자 지참준비물 이외의 조리기술에 영향을 줄 수 있는 기구를 사용한 경우
　자) 가스레인지 화구 2개 이상(2개 포함) 사용한 경우
　차) 시험 중 시설 · 장비(칼, 가스레인지 등) 사용 시 시험위원 및 타 수험자의 시험 진행에 위해를 일으킬 것으로 시험위원 전원이 합의하여 판단한 경우
　카) 요구사항에 표시된 실격 및 부정행위에 해당하는 경우
❼ 항목별 배점은 위생상태 및 안전관리 5점, 조리기술 30점, 작품의 평가 15점입니다.
❽ 시험시작 전 가벼운 몸 풀기(스트레칭) 동작으로 긴장을 풀고 시험을 시작합니다.

만드는 방법과 순서

1. 오징어는 먹물이 터지지 않도록 내장을 제거하고, 몸통과 다리의 껍질을 벗겨 깨끗이 씻어 놓는 다.(오징어껍질은 소금이나 종이타월을 이용하면 쉽다.)

2. 오징어 안쪽(내장 있던 쪽)으로 0.3cm 간격으로 가로, 세로 칼집을 비스듬히 넣은 후 말리지 않는 방 향으로 5×1.5cm 크기로 썬다.

3. 홍고추와 풋고추도 0.5cm 두께로 어슷썬다.

   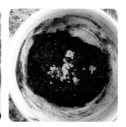

4. 홍고추와 풋고추는 물에서 헹구면서 씨를 제거하고 대파도 같은 크기로 썬다.

5. 양파는 한두 장씩 뜯어 4×1cm로 썬다.

6. 마늘과 생강을 다지고, 고추장 2큰술, 고춧가루 1큰술, 설탕 1큰술, 다진파 1큰술, 다진마늘 1작은술, 간장 1작은술, 생강 1/2작은술, 참기름, 후춧가루, 깨를 넣고 고추장 양념장을 만든다.

7. 팬에 기름을 두르고 양파를 볶아낸 후 따로 꺼내어 두고, 그 팬에 오징어를 볶다가 어느 정도 익으면 채소와 익힌 양파, 양념장을 넣고 볶는다.

8. 양념장이 잘 섞이고 야채가 살짝 익으면 대파를 넣고 살짝 더 볶다가 참기름을 넣고 완성한다.(양념장은 오징어의 크기에 따라 양을 가감한다.)

9. 그릇에 오징어와 채소가 한눈에 보이도록 소복히 담아낸다.

10. 오징어볶음은 제출 직전에 볶아낸다.

Memo

재료썰기

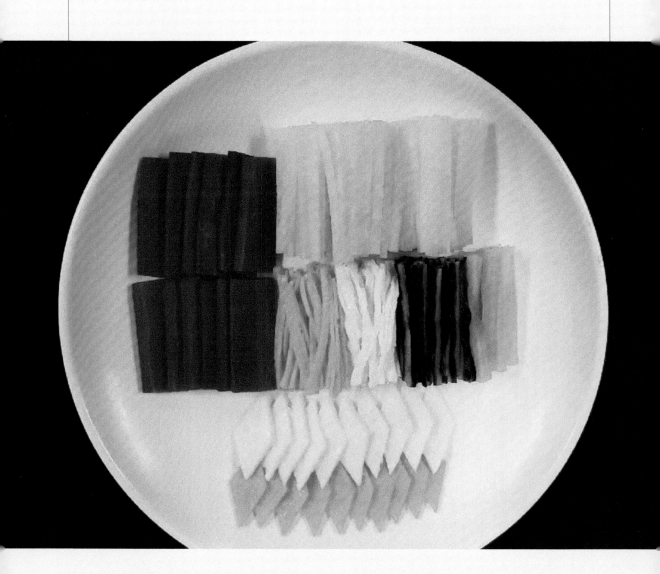

지급재료

- 무 100g • 오이(길이 25cm) 1/2개 • 당근(길이 6cm) 1토막
- 달걀 3개 • 식용유 20㎖ • 소금 10g

 요구사항

※ 주어진 재료를 사용하여 다음과 같이 재료썰기를 하시오.

❶ 무, 오이, 당근, 달걀지단을 썰기하여 전량 제출하시오.(단, 재료별 써는 방법이 틀렸을 경우 실격)
❷ 무는 채썰기, 오이는 돌려깎기하여 채썰기, 당근은 골패썰기를 하시오.
❸ 달걀은 흰자와 노른자를 분리하여 알끈과 거품을 제거하고 지단을 부쳐 완자(마름모꼴) 모양으로 각 10개를 썰고, 나머지는 채썰기를 하시오.
❹ 재료썰기의 크기는 다음과 같이 하시오.
　1) 채썰기 – 0.2cm × 0.2cm × 5cm
　2) 골패썰기 – 0.2cm × 1.5cm × 5cm
　3) 마름모형 썰기 – 한 면의 길이가 1.5cm

 유의사항

❶ 만드는 순서에 유의하며, 위생과 숙련된 기능평가를 위하여 조리작업 시 맛을 보지 않습니다.
❷ 지정된 수험자지참준비물 이외의 조리기구나 재료를 시험장 내에 지참할 수 없습니다.
❸ 지급재료는 시험 전 확인하여 이상이 있을 경우 시험위원으로부터 조치를 받고 시험 중에는 재료의 교환 및 추가지급은 하지 않습니다.
❹ 요구사항의 규격은 "정도"의 의미를 포함하며, 지급된 재료의 크기에 따라 가감하여 채점합니다.
❺ 위생복, 위생모, 앞치마를 착용하여야 하며, 시험장비 · 조리도구 취급 등 안전에 유의합니다.
❻ 다음 사항은 실격에 해당하여 채점 대상에서 제외됩니다.
　가) 수험자 본인이 시험 도중 시험에 대한 포기 의사를 표현하는 경우
　나) 위생복, 위생모, 앞치마, 마스크를 착용하지 않은 경우
　다) 시험시간 내에 과제 두 가지를 제출하지 못한 경우
　라) 문제의 요구사항대로 과제의 수량이 만들어지지 않은 경우
　마) 완성품을 요구사항의 과제(요리)가 아닌 다른 요리(예, 달걀말이→달걀찜)로 만든 경우
　바) 불을 사용하여 만든 조리작품이 작품특성에 벗어나는 정도로 타거나 익지 않은 경우
　사) 해당 과제의 지급재료 이외 재료를 사용하거나 요구사항의 조리기구(석쇠 등)로 완성품을 조리하지 않은 경우
　아) 지정된 수험자 지참준비물 이외의 조리기술에 영향을 줄 수 있는 기구를 사용한 경우
　자) 가스레인지 화구 2개 이상(2개 포함) 사용한 경우
　차) 시험 중 시설 · 장비(칼, 가스레인지 등) 사용 시 시험위원 및 타 수험자의 시험 진행에 위해를 일으킬 것으로 시험위원 전원이 합의하여 판단한 경우
　카) 요구사항에 표시된 실격 및 부정행위에 해당하는 경우
❼ 항목별 배점은 위생상태 및 안전관리 5점, 조리기술 30점, 작품의 평가 15점입니다.
❽ 시험시작 전 가벼운 몸 풀기(스트레칭) 동작으로 긴장을 풀고 시험을 시작합니다.

1. 재료를 씻는다.(오이는 소금으로 문질러 씻는다.)

2. 달걀은 황백으로 나누어 지단을 부친다.

3. 무는 껍질을 벗겨 0.2cm×0.2cm×5cm로 채썰기를 한다.

4. 오이는 껍질부분(속살(씨 부분만 제외))을 돌려깍기하여 0.2cm×0.2cm×5cm로 채썰기를 한다.

5. 당근은 껍질을 벗겨 0.2cm×1.5cm×5cm로 골패썰기(편 썰기)를 한다.

6. 황백지단은 마름모꼴 한 면의 길이를 1.5cm로 썰고 나머지 지단은 0.2cm×0.2cm×5cm로 채썰기를 한다.

7. 모든 재료는 전량을 썰어 제출한다.

Memo

배추김치

지급재료

- 절임배추(포기당 2.5~3kg) 1/4포기(1/4포기당 500~600g)
- 무(길이 5cm 이상) 100g · 실파 20g(쪽파 대체 가능)
- 갓 20g(적겨자 대체 가능) · 미나리(줄기 부분) 10g
- 찹쌀가루(건식가루) 10g · 새우젓 20g · 멸치액젓 10mℓ
- 대파[흰 부분(4cm)] 1토막 · 마늘[중(깐 것)] 2쪽 · 생강 10g
- 고춧가루 50g · 소금(재제염) 10g · 흰설탕 10g

 요구사항

※ 주어진 재료를 사용하여 다음과 같이 배추김치를 만드시오.

❶ 배추는 씻어 물기를 빼시오.
❷ 찹쌀가루로 찹쌀풀을 쑤어 식혀 사용하시오.
❸ 무는 0.3×0.3×5cm 크기로 채 썰어 고춧가루로 버무려 색을 들이시오.
❹ 실파, 갓, 미나리, 대파(채썰기)는 4cm로 썰고, 마늘, 생강, 새우젓은 다져 사용하시오.
❺ 소의 재료를 양념하여 버무려 사용하시오.
❻ 소를 배춧잎 사이사이에 고르게 채워 반을 접어 바깥 잎으로 전체를 싸서 담아내시오.

 유의사항

❶ 만드는 순서에 유의하며, 위생과 숙련된 기능평가를 위하여 조리작업 시 맛을 보지 않습니다.
❷ 지정된 수험자지참준비물 이외의 조리기구나 재료를 시험장 내에 지참할 수 없습니다.
❸ 지급재료는 시험 전 확인하여 이상이 있을 경우 시험위원으로부터 조치를 받고 시험 중에는 재료의 교환 및 추가지급은 하지 않습니다.
❹ 요구사항의 규격은 "정도"의 의미를 포함하며, 지급된 재료의 크기에 따라 가감하여 채점합니다.
❺ 위생복, 위생모, 앞치마를 착용하여야 하며, 시험장비 · 조리도구 취급 등 안전에 유의합니다.
❻ 다음 사항은 실격에 해당하여 채점 대상에서 제외됩니다.
　가) 수험자 본인이 시험 도중 시험에 대한 포기 의사를 표현하는 경우
　나) 위생복, 위생모, 앞치마, 마스크를 착용하지 않은 경우
　다) 시험시간 내에 과제 두 가지를 제출하지 못한 경우
　라) 문제의 요구사항대로 과제의 수량이 만들어지지 않은 경우
　마) 완성품을 요구사항의 과제(요리)가 아닌 다른 요리(예, 달걀말이→달걀찜)로 만든 경우
　바) 불을 사용하여 만든 조리작품이 작품특성에 벗어나는 정도로 타거나 익지 않은 경우
　사) 해당 과제의 지급재료 이외 재료를 사용하거나 요구사항의 조리기구(석쇠 등)로 완성품을 조리하지 않은 경우
　아) 지정된 수험자 지참준비물 이외의 조리기술에 영향을 줄 수 있는 기구를 사용한 경우
　자) 가스레인지 화구 2개 이상(2개 포함) 사용한 경우
　차) 시험 중 시설 · 장비(칼, 가스레인지 등) 사용 시 시험위원 및 타 수험자의 시험 진행에 위해를 일으킬 것으로 시험위원 전원이 합의하여 판단한 경우
　카) 요구사항에 표시된 실격 및 부정행위에 해당하는 경우
❼ 항목별 배점은 위생상태 및 안전관리 5점, 조리기술 30점, 작품의 평가 15점입니다.
❽ 시험시작 전 가벼운 몸 풀기(스트레칭) 동작으로 긴장을 풀고 시험을 시작합니다.

만드는 방법과 순서

1. 절인 배추는 씻어서 속 부분이 밑으로 가도록 엎어 체에서 물기를 제거한다.
2. 건식 찹쌀가루에 물을 넣고 잘 풀어준 후 저어가면서 찹쌀풀을 끓인 후 식혀준다.

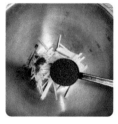   

3. 무는 5×0.3×0.3cm로 채 썰어 고춧가루 1큰술로 먼저 버무려 둔다.
4. 실파, 갓, 미나리, 대파(채썰기)는 4cm 길이로 썰어준다.
5. 마늘, 생강, 새우젓은 곱게 다져준다.

6. 식힌 찹쌀풀에 나머지 고춧가루를 넣고 마늘, 생강, 새우젓으로 양념장을 만든다.

7. 6에 채 썬 무를 넣고 잘 버무린 다음 실파, 갓, 미나리, 대파 썬 것을 넣고 살살 버무린다.

8. 배춧잎 사이사이에 소를 골고루 펴서 넣어준다.

9. 소를 넣은 배추는 반으로 접어 바깥잎 2~3장으로 전체를 감싸 준 후 담아낸다.

오이소박이

지급재료

- 오이[가는 것(20cm)] 1개 • 부추 20g • 새우젓 10g
- 고춧가루 10g • 대파[흰 부분(4cm)] 1토막
- 마늘[중(깐 것)] 1쪽 • 생강 10g • 소금(정제염) 50g

 요구사항

※ 주어진 재료를 사용하여 다음과 같이 오이소박이를 만드시오.

❶ 오이는 6cm 길이로 3토막 내시오.
❷ 오이에 3~4갈래 칼집을 넣을 때 양쪽 끝이 1cm 남도록 하고, 절여 사용하시오.
❸ 소를 만들 때 부추는 1cm 길이로 썰고, 새우젓은 다져 사용하시오.
❹ 그릇에 묻은 양념을 이용하여 국물을 만들어 소박이 위에 부어내시오.

 유의사항

❶ 만드는 순서에 유의하며, 위생과 숙련된 기능평가를 위하여 조리작업 시 맛을 보지 않습니다.
❷ 지정된 수험자지참준비물 이외의 조리기구나 재료를 시험장내에 지참할 수 없습니다.
❸ 지급재료는 시험 전 확인하여 이상이 있을 경우 시험위원으로부터 조치를 받고 시험 중에는 재료의 교환 및 추가지급은 하지 않습니다.
❹ 요구사항의 규격은 "정도"의 의미를 포함하며, 지급된 재료의 크기에 따라 가감하여 채점합니다.
❺ 위생복, 위생모, 앞치마를 착용하여야 하며, 시험장비 · 조리도구 취급 등 안전에 유의합니다.
❻ 다음 사항에 대해서는 **채점대상에서 제외하니** 특히 유의하시기 바랍니다.
　가) 수험자 본인이 시험 도중 시험에 대한 포기 의사를 표현하는 경우
　나) 위생복, 위생모, 앞치마, 마스크를 착용하지 않은 경우
　다) 시험시간 내에 과제 두 가지를 제출하지 못한 경우
　라) 문제의 요구사항대로 과제의 수량이 만들어지지 않은 경우
　마) 완성품을 요구사항의 과제(요리)가 아닌 다른 요리(예, 달걀말이→달걀찜)로 만든 경우
　바) 불을 사용하여 만든 조리작품이 작품특성에 벗어나는 정도로 타거나 익지 않은 경우
　사) 해당 과제의 지급재료 이외 재료를 사용하거나 요구사항의 조리기구(석쇠 등)로 완성품을 조리하지 않은 경우
　아) 지정된 수험자 지참준비물 이외의 조리기술에 영향을 줄 수 있는 기구를 사용한 경우
　자) 가스레인지 화구 2개 이상(2개 포함) 사용한 경우
　차) 시험 중 시설 · 장비(칼, 가스레인지 등) 사용 시 시험위원 및 타 수험자의 시험 진행에 위해를 일으킬 것으로 시험위원 전원이 합의하여 판단한 경우
　카) 요구사항에 표시된 실격 및 부정행위에 해당하는 경우
❼ 항목별 배점은 위생상태 및 안전관리 5점, 조리기술 30점, 작품의 평가 15점입니다.
❽ 시험시작 전 가벼운 몸 풀기(스트레칭) 동작으로 긴장을 풀고 시험을 시작합니다.

1. 오이는 소금으로 비벼 씻은 후 6cm 길이로 3토막으로 썰어 놓는다.

2. 오이 양쪽 끝을 1cm 남기고 3~4갈래로 칼집을 넣어 소금물에 충분히 절여준다.

3. 부추는 다듬어 씻은 후 1cm 길이로 썰어준다.

4. 파, 마늘, 생강, 새우젓은 곱게 다진다.

5. 부추에 고춧가루와 4의 양념을 넣고 버무려 소를 만든다.

6. 절여진 오이는 한번 헹구어 준 후 물기를 제거하고 칼집 사이에 소를 넣는다.

7. 오이 표면에 묻은 양념을 정리하고 그릇에 담는다.

8. 소를 버무린 그릇에 물을 넣고 소금으로 간을 한 후 김칫국물을 만들어 촉촉하게 부어낸다.

Memo

참고문헌

1. 송은주 · 김선희 · 김자경, 2020 에듀윌 조리기능사 한식필기 총정리문제집, 에듀윌, 2020.
2. 이현경 · 김정여, Q PASS 한식 조리기능사 필기, 다락원, 2020.
3. 이미정 · 부경여, 한식기초조리실무, 백산출판사, 2018.
4. 이미정 · 김우실, 사진으로 따라하는 한국음식, 백산출판사, 2016.
5. 이미정 · 김우실, 사진으로 따라하는 한국음식 2, 백산출판사, 2017.

- Baek CH, Jeong DH, Baek SY, Choi JH, Park HY, Choi HS, Jeong ST, Kim JH, Jeong YJ, Kwon JH, Yeo SH. 2013. Quality characteristics of farm-made brown rice vinegar via traditional static fermentation. Korean J Food Preserv 20(4):564-572.
- Choi KS, Choi JD, Chung HC, Kwon KI, Im MH, Kim YH, Kim WS. 2000. Effects of mashing proportion of soybean to salt brine on Kanjang quality. Korean J Food Sci Technol 32(1):174-180.
- Choi NS, Chung SJ, Choi JY, Kim HW, Cho JJ. 2013. Physico-chemical and sensory properties of commercial Korean traditional soy sauce of mass-produced vs. small scale farm produced in the gyeonggi area. Korean J Food Nutr 26(3):553-564.
- Choi SY, Sung NJ, Kim HJ. 2006. Physicochemical analysis and sensory evaluation of fermented soy sauce from Gorosoe and Kojesu saps. Korean J Food Nutr 19(3):318-326.
- Choo JJ. 2000. Anti-obesity effects of Kochujang in rats fed on a high fat diet. Korean J Nutr 33(33):787-793.
- Chung YK, Lee JJ, Lee HJ. 2012. Rheological proerties of pound cake with ginger powder. Korean J Food Preserv 19(3):361-367.
- Han EJ, Kim JM. 2011. Quality characteristics of yanggaeng prepared with different amounts of ginger powder. J East Asian Soc Dietary Life 21(3):360-366.
- Hong SM, Kang MJ, Lee JH, Jeong JH, Kwon SH, Seo KI. 2012. Production of vinegar using rubus coreanus and its antioxidant activities. Korean J Food Preserve 19(4):594-603.
- Hwang JM, Lee BY. 1990. The effect of temperature and humidity conditions onrooting and sprouting of garlic. J Kor Soc Hort Sci 31(1):15-21.
- Jang HS, Hong GH. 1988. Change of physicochemical quality according to its storage temperature in garlic. Korean J Postharvest Sci Technol 5(2):119-123.

- Jeong MC, Lee SE, Nahmgung B, Chung TY, Kim DC. 1998. Changes of quality in ginger according to storage conditions. Korean J Postharvest Sci Technol 5(3):224-230.
- Joo NM, Lee SM. 2011. Characteristics and optimization of precessed sweet ricemuffin using ginger powder. Korean J Food Cook Sci 27(2):31-42.
- Jun HI, Song GS. 2012. Quality characteristics of Doenjang Added with Yam(Dioscorea batatas). J Agric Life Sci 43(2):54-58.
- Kang JR, Kim GM, Hwang CR, Cho KM, Hwang CE, Kim JH, Kim JS, Shin JH. 2014. Changes in Quality Characteristics of Soybean Paste Doenjang with Addition of Garlic during Fermentation. Korean J Food Cook Sci 30(4):435-443.
- Kim DH, Kwon YM. 2001. Effect of storage conditions on the microbiological and physicochemical characteristics of traditional kochujang. Korean J Food Sci Technol 33(5):589-595.
- Kim DH, Yook HS, Kim KY, Shin MG, Byun MW. 2001. Fermentative characteristics of extruded Meju by the molding temperature. J Korean Soc Food Sci Nutr 30(2):250-255.
- Kim EK. 2009. A study on the rheological properties of wheat flour dough containing Korean ginger powder and the baking characteristics. Master's thesis, Konkuk University. Seoul, Korea. p3, p25, p40, p57.
- Kim JG. 2004. Changes of components affecting organoleptic quality during the ripening of Korean traditional soy sauce-Amino nitrogen, amino acids, and color. Korean J Environ Health 30(1):22-28.
- Kim JH, Oh JJ, Oh YS, Lim SB. 2010. The quality properties composition of post-daged Doenjang (fermented soybean pastes) added with citrus fruits, green tea and cactus powder. J East Asian Soc Kietary Life 20(2):279-290.
- Kim JS, Koh MS, Kim YH, Kim MK, Hong JS. 1991. Volatile flavor components of Korean ginger. Korean J Food Sci Technol 23(2):141-149.
- Kim ML, Park GS, An SH, Choi KH, Park CS. 2001. Quality changes of breads with spices powder during stroage. Korean J Soc Food Sci 17(3):195-203.
- Kim MS, Kim IW, Oh JA, Shin DH. 1998. Quality changes of traditional Kochujang prepared with different Meju and red pepper during fermentation. Korean J Food Sci Technol 30(4):924-933.
- Kim ND. 2007. Trend of research papers on soy sauce tastes in Japan. Food IndNutr 12(1):40-50.
- Kim YA, Kim HS, Chung MJ. 1996. Physicochemical analysis of Korean traditional soy sauce and commercial soy sauce. Korean J Soc Food Sci 12(3):273-279.
- Kim YS, Cha J, Jung SW, Park EJ, Kim JO. 1994. Changes of physicochemical characteristics and development of new quality indices for industry produced koji Kochujang. Korean J Food Sci

Technol 26(4):453-458.

- Kim YS, Kwon DJ, Koo MS, Oh HI, Kang TS. 1993. Changes in microflora and enzyme activities of traditional Kochujang during fermentation. Korean J Food Sci Technol 25(5):502-509.
- Korea Food and Drug Administration. 2013. Korean food standards codex. Korean Food Industry Association, Seoul, Korea, pp1-67.
- Lee KI, Moon RJ, Lee SJ, Park KY. 2001. The quality assessment of Doenjang added with Japanese apricot, garlic and ginger, and Samjang. Korean J Soc Food Cook Sci 17(5):472-477.
- Lee YJ, Han JS. 2009. Physicochemical and sensory characteristics of traditional Doenjang prepared using a Meju containing components of Acanthopanax senticosus, Angelicagigas and Corni fructus. Korean J Food Cook Sci 25(1):90-97.
- Oh GS, Kang KJ, Hong YP, An YS, Lee HM. 2003. Distribution of organic acids in traditional and modified fermented foods. J Korean Soc Food Sci Nutr 32(8):1177-1185.
- Park HR, Lee MS, Jo SY, Won HJ, Lee HS, Lee H, Shin KS. 2012. Immunostimulating activities of polysaccharides isolated from commercial soy sauce and traditional Korean soy sauce. korean J Food Sci Technol 44(2):228-234.
- Seo JH, Jeong YJ. 2001. Quality characteristics of Doenjang using squid internal organs. Korean J Food Technol 33(1):89-93.
- Shin DB, Seog HM, Kim JH, Lee YC. 1999. Flavor composition of garlic from different area. Korean J Food Sci Technol 31(2):293-300.

저자소개

이미정
중앙대학교 이학박사
(사)궁중음식연구원 궁중음식 정규반과정 수료
(사)궁중음식연구원 한과연구반과정 수료
(사)궁중음식연구원 폐백, 이바지 단기과정 수료
로마소재, IPSSAR "Pellegrino Artusi" 요리전문학교 수료
중화인민공화국 인력자원과 사회보장부 다예고급, 심평고급 자격
현) 제주한라대학교 호텔조리과 교수

김우실
중앙대학교 이학박사
(사)궁중음식연구원 요리 및 떡, 한과 단기과정 수료
프랑스 Le Ecole de Cordon Bleu 요리전문학교 Le Grand Diplome과정 수료
프랑스 Le Ecole de Le Notre 요리전문학교 수료
프랑스 Le Ecole de Bellouet Conseil 요리전문학교 수료
로마소재, IPSSAR "Pellegrino Artusi" 요리전문학교 수료
제주도 지방경기대회 요리부문 심사위원
전국기능경기대회 요리부문 심사위원
현) 제주한라대학교 호텔조리과 교수

저자와의
합의하에
인지첩부
생략

한식조리기능사 실기

2020년 8월 10일 초 판 1쇄 발행
2024년 3월 1일 제2판 1쇄 발행

지은이 이미정·김우실
펴낸이 진욱상
펴낸곳 (주)백산출판사
교 정 박시내
본문디자인 오정은
표지디자인 오정은

등 록 2017년 5월 29일 제406-2017-000058호
주 소 경기도 파주시 회동길 370(백산빌딩 3층)
전 화 02-914-1621(代)
팩 스 031-955-9911
이메일 edit@ibaeksan.kr
홈페이지 www.ibaeksan.kr

ISBN 979-11-6567-793-0 13590
값 22,000원